火电厂生产岗位技术问答丛书

化学水处理300问

简安刚 编

内 容 提 要

为了满足火力发电生产人员、技术人员学习和掌握专业知识和职业技能的需要，加上近年来大型火电机组不断投产并依据相关规定，组织编写一套《火电厂生产岗位技术问答丛书》，包括《锅炉运行 300 问》、《汽轮机运行 300 问》、《集控运行 300 问》、《电气运行 300 问》和《化学水处理 300 问》等分册。

本书以火力发电厂化学水处理专业知识为基础，介绍了化水运行的原理及应用，针对现场运行实际情况和机组设备特点，对主要及辅助设备，进行了阐述与说明；从运行中的安全、质量方面分别进行了问答；讨论了具体的运行方案，重点说明运行过程技术控制措施；对机组运行相关问题进行了分析。

本书从现场运行的角度出发，实用性强，有助于提高现代大型机组的安全运行水平，有效地填补了技术空白，对于从事运行的技术人员来说，能够直接用来指导工作实践，是一本详尽实用的参考书。

图书在版编目(CIP)数据

化学水处理 300 问/简安刚编. —北京：中国电力出版社，2014.8
(2019.11重印)
(火电厂生产岗位技术问答丛书)
ISBN 978-7-5123-4550-8

Ⅰ. ①化… Ⅱ. ①简… Ⅲ. ①火电厂-电厂化学-水处理-问题解答
Ⅳ. ①TM621.8-44

中国版本图书馆 CIP 数据核字(2013)第 125324 号

中国电力出版社出版、发行
(北京市东城区北京站西街 19 号 100005 http://www.cepp.sgcc.com.cn)
三河市百盛印装有限公司印刷
各地新华书店经售
*
2014 年 8 月第一版 2019 年 11 月北京第二次印刷
880 毫米×1168 毫米 32 开本 6.5 印张 162 千字
印数 3001—4000 册 定价 **26.00** 元

前　言

电力工业是能源工业的重要组成部分，是推动人类文明及支撑社会经济发展的重要基础。在世界范围内，火力发电是电力能源中重要的组成部分。因此，提高火力发电的运行技术水平，提升能源的综合高效利用，是当前电力运行的重要关注课题。

随着国家政策不断调控，能源建设的脚步越来越快。火力发电机组正在向高参数大容量迅速发展。在电厂生产实践中，运行人员是火力发电厂的主要力量，其专业技术水平的高低，直接影响到企业的安全、经济、可靠生产。因此，各大发电公司都非常重视运行人员的技能培训。本套丛书的出版，就是为了满足当前运行人员对于专业书籍的迫切需要。在这样的背景下，编者结合现场运行实例，总结经验，将电厂化学水处理专业运行技术结集成册，以期提高行业应用水平，实现能源与环境的和谐发展。

本套丛书采用问答形式编写，以岗位技能为主线，理论突出重点，实践注重技能。本书为《化学水处理 300 问》，用问答的方式简明扼要地介绍了运行专业基础知识及运行岗位技能知识。帮助广大火电机组运行人员了解、学习、掌握火电机组化水岗位的各项技能，加强机组运行管理工作，做好设备的运行维护和检修工作。

本书可供从事火电厂运行工作的生产人员、技术人员和管理人员学习参考，以及作为考试、现场考问等试题题库；也可供相关专业的大、中专学校的师生参考阅读。通过学习，达到提高运行人员工作水平，最终能够实现最佳能源利用效率，改善生态环境。

限于时间和作者水平，疏漏和不妥之处在所难免，敬请广大读者指正。

编　者

2014 年 6 月

目　录

第一章

水质概述

第一节　天然水的性质与水中的杂质

1. 天然水有哪些基本特性?

水在 0～4℃是热缩冷胀，即温度升高体积缩小，密度增大。而在 4～100℃时，是热胀冷缩。在所有的液体中，水的比热容最大为 4.18J/g℃，在常温下（0～100℃）水可以出现液、固、气三相变化，所以水在能量转换方面是很方便的。因此水可以作优良的热交换介质，用于冷却、储热、传热等方面。水的溶解及反应能力特别强，水的导电性能随水中的含盐量增加而增大。许多物质不但在水中有很大的溶解度而且有最大的电离度。

2. 天然水中的杂质分为哪几类?

天然水内含杂质多种多样，大体分溶解物和不溶物。按其杂质的颗粒大小和混合形态不同，通常分三大类：

（1）悬浮物：颗粒直径在 10^{-4}mm 以上的微粒。

特征：不稳定、容易去除，是水发生浑浊的主要原因，肉眼可见。水在静止下因密度不同，分漂浮物、悬浮物、可沉物。

（2）胶体：颗粒直径在 10^{-4}mm 和 10^{-6}mm 之间的微粒。

特征：往往是许多分子或离子的集合体，比表面积大（单位体积占有的表面积，物质分得小，表面积大），有明显的表面活性，液体或固体表面具有吸附能力，常常吸附很多相似结构的分子或离子，所以带有电荷，同类胶体因带同种电荷而互相排斥，不能互相黏合，从而阻止颗粒变大而下沉，存在于水中较稳定。天然水中的胶体可分有机胶体（腐殖质）和矿物质胶体（主要是铁、铝、硅的化合物）。特征：光照下浑浊、一般用超滤去除。

（3）溶解物质：颗粒直径等于或小于 10^{-6} mm 的微粒。以离子或分子状存在于水中，形成真溶液（水溶液的透明度会有所不同，较透明的称作真溶液，较混浊的称作胶态溶液）。溶解物质分呈离子状的杂质（有阳离子和阴离子）和溶解气体（氧、二氧化碳、硫化氢、二氧化硫等）。

3. 什么是水中的悬浮物质？

水中的悬浮物质的微粒主要由泥沙、黏土、原生动物、藻类、细菌、病毒及高分子有机物组成。它们常常悬浮物在水流之中，使水产生浑浊现象。这些微粒很不稳定，可以通过沉淀和过滤而除去。水静止的时候，较重的微粒（主要是沙子和泥土一类的无机物质）会沉淀下去，轻的微粒（主要是动植物及其残骸的一类有机化合物）会浮在水面上，这些用过滤分离的方法可以除去。

悬浮物是造成水质浊度、色度、气味变化的主要来源。它们在水中的含量也不稳定，往往随着季节、地区的不同而不同。

4. 什么是水中的胶体物质？

水中的胶体物质是许多分子和离子的集合物，天然水中的无机矿物质胶体主要是铁、铝和硅化合物。水中的有机胶体物质主要是植物或动物的肢体腐烂和分解而成的腐殖物。其中以湖泊水中的腐殖物含量最多，因此常常使水呈黄绿色或褐色。

由于胶体物质的颗粒小、质量轻，单位体积所具有的表面积很大，因其表面具有很大的吸附能力，常常吸附着多量的离子而带电。同类胶体因带有同性电荷而互相排斥。它们在水中不能相互黏合而处于稳定状态。因此水中的胶体颗粒不能借重力自行沉降而去除，一般需在水中加入药剂破坏其稳定，使胶体颗粒脱稳、增大而沉降予以去除。

5. 天然水中主要溶有哪些离子？

天然水中溶解的离子，主要是水流经岩层时所溶解的矿物质。如碳酸钙（石灰石）、碳酸铁（白云石）、硫酸钙（石膏）、硫酸镁（泻盐）、二氧化硅（沙子）、氯化钠（食盐）、无水硫酸钠（芒硝）等。随着天然水在地面或地下所流经的岩层不同，水的酸碱性有所不同．所溶解的离子也有所不同。

6. 水中的有机物质是什么？

水中的有机物质主要是指腐殖酸和富里酸的聚羧基酸化合物、生活污水和工业废水的污染物。其中前者是多官能团芳香族类大分子的弱性有机酸，占水中溶解的有机物质95%以上。腐殖物是水中生物一类生命活动过程中的产物。生活污水主要是人体排泄物和垃圾废物。各种工业废水中的有机物、动植物纤维、油脂、糖类、染料、有机酸、各种有机合成的工业制品、有机原料等，这些有机物污染着水体，使水恶化。

7. 水质好坏用什么指标来表示？

由于天然水中含有很多杂质，表示水质好坏的指标叫水质指标，它表示水中各种杂质的多少。因用途不同，采用水质指标也不同。发电厂水质技术指标大体分五种：含盐量与溶解固形物、电导率、硬度、碱度与酸度、化学耗氧量。

（1）含盐量：在水中主要离子状存在，其阴、阳离子之和即为含盐量。溶解固形物：可在过滤、蒸干，最后在105～110℃温度下干燥后的残留物。

（2）电导率（电阻率的倒数为电导率，某种材料制成的长1m、横截面积是$1mm^2$的导线的电阻），这个数据也表示含盐量的大小，值大含盐量大。

（3）硬度：高价金属离子总浓度称硬度，天然水中最多的是钙、镁，所以通常把硬度作为钙、镁离子的总浓度。根据其阴离子存在情况，硬度分为碳酸盐硬度和非碳酸盐硬度。硬度的单位mmol/L。

碳酸盐硬度指水中钙、镁的碳酸氢盐、碳酸盐之和。天然水中碳酸盐硬度很小，主要是碳酸氢盐的硬度，其在加热煮沸烘干的情况下可沉掉一部分硬度，如碳酸氢钙加热后生成碳酸钙（沉淀）、水及二氧化碳。碳酸氢镁加热后生成碳酸镁、水和二氧化碳，碳酸镁遇水后二次反应生成氢氧化镁（沉淀）和二氧化碳。

非碳酸盐硬度：是钙、镁的氯化物和硫酸盐等，它们在加热的情况下不能去除，称为永久硬度。

（4）碱度与酸度。在水溶液中电离出的阳离子全部是氢离子的化合物叫做酸，在水溶液中电离出的阴离子全部是氢氧根离子的化合物叫做碱。这个指标就是表示含氢氧根、碳酸根、重碳酸根及其他弱酸盐类量的总和。

在天然水中主要是重碳酸根盐类组成，在炉水中主要是碳酸根和氢氧根盐类组成，还有磷酸根离子。

1）碱度：可分酚酞碱度（滴定终点的 pH 值 8.3）和甲基橙碱度（滴定终点的 pH 值用 4.4M 表示）。

酚酞碱度、甲基橙碱度与氢氧根、碳酸根、重碳酸根之间有如下原则：①氢氧根和重碳酸根不能同时存在，因为氢氧根和重碳酸根离子一遇转化为碳酸根和水；②以酚酞指示剂用酸滴定至终点时，氢氧根反应生成水，而碳酸根只反应生成到重碳酸根；③以甲基橙指示剂用酸滴定终点量，氢氧根反应生成水，碳酸根反应生成到重碳酸根，重碳酸根继续反应生成二氧化碳和水。

2）酸度：能与水中强碱（如氢氧化钾、氢氧化钠）起中和作用的物质量。这些物质归纳起来分三类：①能全部电离出氢离子的强酸，如盐酸、硫酸、硝酸；②有强酸弱碱所组成的盐类，如铵、铁、铝等离子与强酸所组成的盐类；③弱酸，如碳酸、硫化氢、醋酸等。

（5）化学耗氧量：用以判断水中有机物含量的多少，一般用高锰酸钾测定。有机物在经过预处理时（混凝、澄清和过滤），约可减少 50%，但在除盐系统中无法除去，故常通过补给水带入锅炉，使炉水 pH 值降低。有时有机物还可能带入蒸汽系统和凝结水中，使pH值降低，使系统腐蚀。在循环水系统中有机物含量高会促进微生物繁殖。因此，不管对除盐、炉水或循环水系统，COD都是越低越好，但并没有统一的限制指标。在循环冷却水系统中COD>5mg/L时，水质已开始变差。

8. 天然水中有哪些化合物会影响水质?

(1) 碳酸化合物：在水中以四种形式存在：气态二氧化碳、碳酸根、重碳酸根、分子态碳酸。它们的存在与水中的pH值有密切关系。pH值≤4时水中只有游离的二氧化碳。pH值等于8.3时，二氧化碳消失，重碳酸根为最大值。pH值大于12时只有碳酸根离子

(2) 硅酸化合物：主要以硅酸、硅酸氢根离子、硅酸根离子三种形态存在，也与pH值有关，如下：pH值小于7只有硅酸分子。pH值大于7水中有硅酸分子、硅酸氢根离子。pH值大于11时，水中主要以硅酸氢根离子存在，且有硅酸根离子及部分硅酸分子。

(3) 铁的化合物：铁主要有二价铁（亚铁）、三价铁（高铁）两种形态。当水中溶解氧的浓度很小pH值较低时，主要以二价铁形态存在；当水中溶解氧较多且pH值较高时，亚铁失电子变为高铁。高铁遇水生成氢氧化铁和氢离子。当pH值大于8时主要氢氧化铁形态存在于水中。

(4) 氮的化合物：主要有氨离子、亚硝酸根离子和硝酸根离子。

9. 天然水有哪些分类?

(1) 按水质指标的分类：（含盐量和硬度）。低含盐量的水，200毫克/L以下；中等含盐量的水：200~500毫克/L；较高含盐量的水，500~1000毫克/L；高含盐量的水，1000毫克/L以上。

(2) 按硬度分：①极软水，在1.0毫摩尔/L以下；②软水：在1.0~3.0毫摩尔/L；③中等硬度的水，在3.0~6.0毫摩尔/

L；④硬水，在6.0～9.0毫摩尔/L；⑤极硬水：9.0毫摩尔/L以上。

(3) 按水处理工艺学分类：水中各种盐类主要以离子状存在，阴、阳离子，将水分为碱性水和非碱性水。碱性水：碱度大于硬度（即碳酸氢根浓度大于钙镁浓度）非碱性水：硬度大于碱度（即碳酸氢根浓度小于钙镁浓度）。

第二节 水质分析与水质划分

10. 电厂化学实验常用仪器主要有哪些？

电厂化学实验仪器根据其用途可分为以下几类：

(1) 能加热的仪器，主要有试管、烧杯、烧瓶、锥形瓶、蒸发皿等，这些仪器在加热前都应擦干外壁，以防止受热不均匀而炸裂。

(2) 计量仪器，主要有电子天平、电光分析天平、托盘天平、量筒、容量瓶、滴定管、温度计等。

(3) 存放物质的仪器，主要有集气瓶、广口瓶及细口瓶、滴瓶等。

(4) 分离物质的仪器，主要有漏斗、洗气瓶等。

(5) 其他仪器，如酒精灯、试管夹、玻璃棒、胶头滴管、铁架台、石棉网、三脚架、燃烧匙、药匙、镊子等。

11. 常用化水分析的玻璃仪器如何清洗？

常用玻璃仪器清洗前要将仪器内原有的东西倒掉，然后再按下述步骤洗涤：

(1) 用水洗，根据仪器的种类的规格，选择合适的刷子蘸水刷洗去除灰尘和可溶性物质。

(2) 用洗涤剂洗，用毛刷蘸取洗涤剂先反复刷洗，然后边刷边用水冲洗。

(3) 用洗涤液洗，用上述方法难洗净的仪器或不使用刷子洗

的仪器，可根据污物的性质选择合适的洗液洗涤，用洗液洗涤后先用自来水冲洗，洗去洗液，再用除盐水刷洗，除尽自来水。

12. 什么是水的 pH 值？pH 值有什么意义？

水的 pH 值是表示水中氢离子的负对数值。pH 值有时也称为氢离子指数。由水中氢离子的浓度可知道水溶性是呈碱性、酸性还是中性。由于氢离子浓度的数值往往很小，在应用上不方便。所以就用 pH 值这一概念来作为水溶液酸、碱性的判断指标，而且离子浓度的负对数值恰能表示出酸性、碱性的变化幅度数量级大小。这样应用起来就十分方便，并由此得到：

（1）中性水溶液 pH=7。

（2）酸性水；溶液 pH<7，pH 值越小，表示酸性越强。

（3）碱性水；溶液 pH>7，pH 值越大，表示碱性越强。

如果进一步按 pH 值更加详细地将水质分类，可以得到：

（1）强酸性水溶液 pH 值<5.0。

（2）弱酸性水溶液 pH 值=5.0～6.4。

（3）中性水溶液 pH 值=6.5～8.0。

（4）弱碱性水溶液 pH 值=8.1～10。

（5）强碱性水溶液 pH 值>10。

13. 在电厂化水分析中如何选择酸碱指示剂？

在进行化水处理时，选择酸碱指示剂时，一般要使其变色点落在 pH 值的突跃范围之内，才能较准确地指示终点，另外，指示剂的变色范围越窄越好，因为 pH 值稍有改变，就可立即由一种颜色变为另一种颜色，有利于提高测定结果的准确度。如果试验时有的单一指示剂变色范围比较宽，有的在变色过程中还出现难以辨别的过渡色，那么可选用变色范围窄、变色敏锐的混合酸碱指示剂。

此外，如果指示剂选择不当，也会影响其变色的敏锐性，例如酚酞由酸式（无色）变为碱式（红色）时，颜色变化明显，易于辨别；反之，则变色不明显，容易使滴定过量。因此在用强酸滴定强碱时，一般用甲基橙作指示剂为宜。在不影响指示剂变色敏锐性的前提下，一般以用量少一些为佳。

14. 影响酸碱指示剂变色范围的因素有哪些?

对于运行中的化水分析，特别是酸碱指示剂的应用，影响指示剂变色范围的因素有以下几点：

(1) 温度：温度的变化会引起指示剂离解常数的变化，因此，指示剂的变色范围也随之变动。一般说来，温度升高，指示剂的变色范围变宽。

(2) 溶剂：指示剂在不同的溶液中，其变色点不同，必然会引起指示剂变色范围的改变。如甲基橙在水溶液中变色点为3.4，在甲醇溶液中变色点则为3.8。

(3) 盐类：盐类的存在会影响指示剂的离解常数，从而使指示剂的变色范围发生移动。另外，由于盐类具有吸收不同波长光的性质，还会影响指示剂的颜色深度，从而影响指示剂的灵敏度。

(4) 指示剂的用量：无论是双色指示剂还是单色指示剂，用量过多都会使终点变色迟钝，而且本身也会多消耗滴定剂。不仅如此，用量过多，还会引起指示剂变色范围的移动，如在50～100mL溶液中加入2～3滴0.1%酚酞，pH=9时出现红色，而在相同条件下，加入10～15滴酚酞，则在pH=8时，显现红色。

15. 测定溶液pH值的影响因素有哪些?

对于电厂化水而言，测定溶液pH值的主要影响因素有：

(1) 温度的影响：测定时温度对电极电位有影响，电极电位随温度的变化而变化。

(2) 压力的影响：在常压下影响不大，对于装置上测定高压下的pH值，待测溶液的大量离子穿过电极薄膜进入工作电极和参比电极引起误差。

(3) 作为参比电极的甘汞电极在使用中要注意保持饱和氯化钾溶液的液面不得过低，并要保持有氯化钾结晶。

(4) 甘汞电极用完后要放在氯化钾溶液中，若放于水中电极内的氯化钾浓度会降低。

16. 测定溶解氧用的滴定管产生气泡的原因是什么?

还原滴定管产生气泡的主要原因是由于管内的锌汞剂与水作用生成氢气而造成的。锌汞剂使用到一定时间，便有大量的气泡产生。

滴定管内存有气泡，会影响到测定时加药量的准确性。所以必须立即消除。消除还原滴定管内的气泡，一般要把滴定管倒过来，在水平方向上摇一下，气泡就跑出来或将锌汞剂用蒸馏水洗一下，然后重新装入滴定管内。装法是应先将滴定管装满水或氨靛胭脂后，再注入锌汞剂，这样即可把气泡排除。

17. 火电厂中用水有哪些分类?

由于水在火电厂的作用不同，其水质差别很大。在实际生产中，给这些水以不同的名称：如生水、补给水、凝结水、给水、锅炉水、疏水、冷却水等。

(1) 生水。又称原水，是指未经处理的天然水，如江河水、湖水、地下水等。在火电厂中生水既可作为制取锅炉补给水的水源，又可作为冷却水或消防水使用。

(2) 补给水。是指生水经过各种方法处理后，用来补充火电厂中水、汽循环系统损失的水。补给水按其净化处理方法不同，又可分为软化水、蒸馏水和除盐水等。

(3) 凝结水。在汽轮机做功后的蒸汽经凝汽器冷却成的水，称凝结水。

(4) 给水。送往锅炉的水称为给水。凝汽式发电厂的给水主要由凝结水、补给水和各种疏水组成。热电厂还包括返回凝结水。

(5) 锅炉水。在锅炉本体的蒸发系统内流动着的水，称为锅炉水，简称炉水。

(6) 疏水。火电厂内部各种蒸汽管道和用汽设备中的蒸汽凝结成的水称为疏水。它经疏水器汇集到疏水箱。在火电厂中高压疏水一般回收到除氧器，低压疏水回收到凝汽器。

（7）返回凝结水。热电厂向用户供蒸汽后，回收蒸汽凝结水称为返回凝结水，简称返回水。

（8）冷却水。作为冷却介质的水称为冷却水。在火电厂中，它主要是指通过凝汽器用以冷却汽轮机排汽的水。

18. 天然水中杂质及其对锅炉的危害有哪些？

天然水中含有各种杂质，按其颗粒大小不同，可以分为三类：悬浮物质、胶体物质、溶解物质。

悬浮物的存在会影响离子交换设备及锅炉的安全经济运行，如果它们在离子交换器内沉积，将会使离子交换剂受到污染，从而使其交换容量降低，周期出水量减少，并影响离子交换器的出水质量。如果悬浮物直接进入锅炉，它会在锅筒内沉积，使传热情况变坏，金属因过热损坏而发生事故。

天然水中的胶体，一类是硅、铁、铝等矿物质胶体；另一类是由动植物腐败后的腐殖质形成的有机胶体。由于胶体表面带有同性电荷，它们的颗粒之间互相排斥，所以颗粒不能长大，不能靠重力下降，所以可在水中稳定存在。若不除去水中的胶体物质，将会使锅炉结成难以去除的坚硬水垢，并使锅水产生大量泡沫，引起汽水共腾，污染蒸汽品质，影响锅炉的正常运行。

水中溶解的物质主要是气体和矿物质的盐类，它们都以分子或离子状态存在于水中。水中溶解的气体都以分子状态存在。能够引起锅炉腐蚀的有害气体主要是氧气和二氧化碳气体，有时还有些硫化氢气体。氧是由大气中溶解进去的，二氧化碳和硫化氢是有机物分解或氧化而产生的。

水中溶解的盐类都是以离子状态存在的。它们是由于地层中矿物质溶解而来的。天然水中溶解的盐类主要是钙、镁、钠、铁的碳酸氢盐，氯化物和硫酸盐等。这些杂质若不除去，会造成锅炉结垢、腐蚀和污染蒸汽品质，使锅炉金属过热变形、腐蚀穿孔、缩短锅炉使用寿命、浪费燃料、降低锅炉热效率，或者产生

汽水共腾，以至发生堵管、爆管等重大事故，破坏锅炉的安全经济运行。

19. 给水中对锅炉有影响的杂质有哪些?

（1）氧。天然水中，大多都溶解有氧。氧存在于水中，对于钢、铁、铜等金属，都具有不同的侵蚀作用。pH 值较低的水，能促进溶解氧的侵蚀作用；pH 值较高的水，可使这种作用减弱。当水温升高，但不足以使溶解氧从水中析出时，侵蚀作用的速度会加快，所以在热水管和凝结水管中，氧腐蚀更为严重。经长期观察统计，此温度约在 60～90℃之间。溶解氧的腐蚀，只有在水溶解中才能发生。溶解氧的腐蚀，是锅炉金属表面腐蚀的主要原因之一。

（2）二氧化碳。也称碳酸气，大多数天然水中都含有。二氧化碳来源于大气中的二氧化碳和水中有机物的分解。水中二氧化碳较高时呈酸性，对金属有较强烈的腐蚀。特别是当水中溶解氧含量较大时，二氧化碳成为溶解氧加速侵蚀金属的催化剂。所以含有溶解氧的水，如果它的二氧化碳含量与碱度之比越大，则对金属侵蚀性越大。

（3）二氧化硅。在所有天然水中，二氧化硅的含量差异较大，江河中二氧化硅在一年中变化也很大。二氧化硅在锅炉内形成的水垢是非常坚硬的，且呈透明或半透明状态，类似玻璃。用机械方法清除这种水垢，要比清洗一般碳酸盐水垢多几倍工时，这种水垢的导热性能极差。当水垢产生后，会使受热面降低传热作用，以致造成受热面过热烧坏。

（4）铁。天然水中含铁量小于 0.1mg/L 时，并无影响，但当含量超过 0.3mg/L 时，水就会有味、混浊。地下水含有铁时，会出现红色氢氧化铁沉淀。含有重碳酸铁的侵蚀性水，对水管也会产生腐蚀。

（5）钙、镁。天然水中的钙、镁均以不同化合物的形式存在。水中所含钙、镁盐类的多少，决定水的硬度及水垢性质。

钙、镁含量越大，水的硬度越高，也就越不适宜作锅炉给水。

（6）氯离子。氯离子的含量决定于水中所含氯化物的多少。天然水中氯化物的来源，主要是水流经地层中含有氯盐的矿层所致。一般天然水中平均含氯量为15～55mg/L。炉水中含氯量在150～250mg/L或更高时，则不宜作锅炉给水。

（7）硫酸盐。水中硫酸盐主要来源于矿物地层及有机质，含水硫酸钙为水中硫酸盐的主要成分。天然水中平均含硫酸盐30～75mg/L。锅炉给水及炉水中含硫酸盐较高时，在受热面上易产生石膏质水垢。

（8）亚硝酸盐。天然水中存在亚硝酸盐，表明水的矿化过程尚在初期阶段，或经常进入有机质。

（9）硝酸盐。天然水中的硝酸盐一般来自矿物质与有机物，它是一切含氮物质氧化后的最后产物。在洁净的天然水中，硝酸盐与亚硝酸盐通常含量极少，甚至没有。遭到严重污染的工业用水，用作锅炉给水时，能在锅炉中放出大量的氨，使黄铜阀件遭受腐蚀。

（10）氨。主要来源于水中有机物质，当河水中含氮物质发生分解时，会产生氨。氨除对黄铜件造成严重腐蚀外，还易引起炉水起泡，甚至产生汽水共腾现象。

（11）硫化氢。水中如含有0.5mg/L硫化氢就能被察觉，如果硫化氢达1mg/L时，就会有显著的臭鸡蛋味。用含有硫化氢的水作锅炉给水，会引起金属的严重腐蚀。

20. 锅炉用水是如何分类的?

火力发电机组的锅炉用水，根据其部位和作用不同，一般可分为以下几种：

（1）给水。直接进入锅炉，被锅炉蒸发或加热使用的水称为锅炉给水。给水通常由补给水和生产回水两部分混合而成。

（2）补给水。锅炉在运行中由于取样、排污、泄漏等要损失掉一部分水，而且生产回水被污染不能回收利用或无蒸汽回水时，都必须补充符合水质要求的水，这部分水叫补给水。补给水是锅炉给水中除去一定量的生产回收外，补充供给的那一部分。因为锅炉给水有一定的质量要求，所以补给水一般都要经过适当的处理。当锅炉没有生产回水时，补给水就等于给水。

（3）生产回水。当蒸汽或热水的热能利用之后，其凝结水或低温水应尽量回收，循环使用这部分水称为生产回水。提高给水中回水所占的比例，不仅可以改善水质，而且可以减少生产补给水的工作量。如果蒸汽或热水在生产流程中已被严重污染，那就不能进行回收。

（4）、软化水。原水经过软化处理，使总硬度达到一定的标准，这种水称为软化水。简称软水。

（5）锅水。正在运行的锅炉本体系统中流动着的水称为锅炉水。简称锅水。

（6）排污水。为了除去锅水中的杂质（过量的盐分、碱度等）和悬浮性水渣，以保证锅炉水质符合相关水质标准的要求，就必须从锅炉的一定部位排放掉一部分锅水，这部分水称为排污水。

（7）冷却水。锅炉运行中用于冷却锅炉某一附属设备的水，称为冷却水。冷却水往往是软水。

21. 电厂水处理有什么积极意义？

为了防止水中的杂质进入锅炉后发生沉淀和结垢，一般对原水进行预处理（混凝、澄清、过滤）和水的除盐处理（一级除盐、二级除盐或超滤、反渗透、EDI），尽量使锅炉补给水中的杂质最少；为了防止水对水、汽系统金属的腐蚀，防止腐蚀产物进入锅炉并引起水冷壁的腐蚀、结垢以及防止蒸汽携带杂质引起过热器和汽轮机腐蚀、积盐等，需要对给水和炉水进行处理。例如，给水中的腐蚀产物 Fe_3O_4、CuO 进入锅炉后，一方面在锅炉热负荷高的部位沉积，产生铜、铁垢，影响热的传递，严重时发生锅炉爆管，另一方面容易被高压蒸汽携带，它往往沉积在汽轮机的高压缸部分。因此，既要严格控制锅炉给水的质量，又要对给水、炉水进行合理的处理，防止发生任何形式的腐蚀。

水处理的内容是：净化原水、给水处理、炉水处理、凝结水处理、冷却水处理、水汽监督、机组的停用保护、化学清洗等。

22. 锅炉补给水量与哪些因素有关?

锅炉给水通常由补给水、凝结水和生产返回水组成。因此，给水的质量通常与这些水的质量有关。虽然火电厂中的水、汽理论上是密闭循环，但实际上总是有一些水、汽损失，包括以下几方面：

（1）锅炉：汽包锅炉的连续排污，定期排污、汽包安全阀和过热器安全阀排汽、蒸汽吹灰、化学取样等。

（2）汽轮机：汽轮机轴封漏汽、抽汽器和除氧器的对空排汽和热电厂对外供汽等。

（3）各种水箱：如疏水箱、给水箱溢流和其相应扩容器的对空排汽。

（4）管道系统：各种管道的法兰连接不严和阀门泄漏等。

因此，为了维护火电厂热力系统的正常水、汽循环，机组在运行过程中必须要补充这些水、汽损失，补充的这部分水成为锅炉的补给水。补给水要经过沉淀、过滤、除盐等水处理过程，把水中的有害物质除去后才能补入水、汽循环系统中。火电厂的补给水量与机组的类型、容量、水处理方式等因素有关。

23. 电厂主要用水的处理有哪些方式?

对于火电发电机组而言，锅炉主要用水的处理，包括给水处理、凝结水精处理和冷却水处理。

给水处理：给水水质即使很纯，也会对给水系统造成腐蚀。选择适当的给水处理方式，就是将给水系统的金属腐蚀降到最低限度。目前有三种给水处理方式，即还原性全挥发处理、氧化性全挥发处理和加氧处理。各电厂可根据机组的材料特性、炉型及给水纯度采用不同的给水处理方式。

凝结水精处理：对于直流锅炉和大容量机组以上的汽包锅炉的机组，由于锅炉对水质要求非常严格，通常要对凝结水进行精处理。凝结水的处理方式有物理处理和化学处理。物理处理包括电磁过滤、纸浆过滤和树脂粉末过滤等。化学处理包括阳离子交换和精除盐等。在火电厂中应用最多的精处理设备是高速混床。

冷却水处理：对于所有的冷却水一般都应采取杀菌、灭藻措施。对于采用冷水塔冷却的机组，由于水在冷水塔蒸发而浓缩，容易发生腐蚀、结垢问题。一方面需要大量的补水，一般占整个电厂用水量的70%左右。另一方面需要加阻垢剂防止结垢，加缓蚀剂防止凝汽器管发生腐蚀，加杀菌剂防止生物粘泥的附着引起微生物腐蚀、结垢。

24. 电厂水处理的基本流程是什么?

对于火力发电机组而言，原水的流程：

原水→原水箱→原水泵→机械过滤器→活性炭过滤器→软化水器（阻垢剂加药）→pH 值调节系统→精密过滤器→反渗透膜组件→中间水箱→EDI 增压泵→EDI 系统→用水点。原水处理流程见图 1-1。

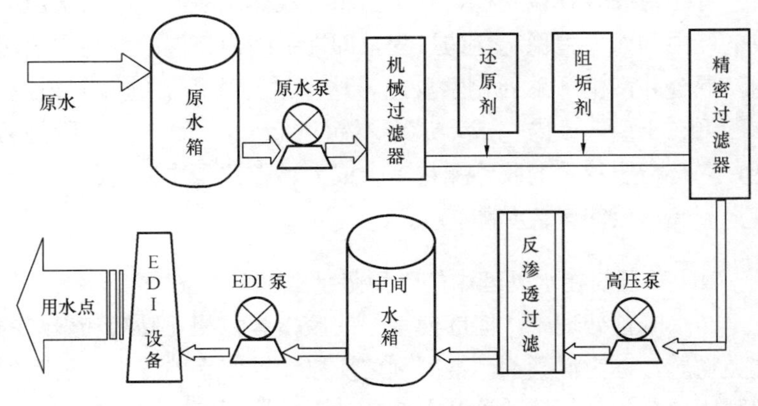

图 1-1　电厂水处理流程

第二章

水的预处理

第一节 水的混凝处理

25. 水的混凝处理有哪些过程?

混凝、沉淀过程一般是在澄清池内进行的。投加化学药剂（混凝剂）使得胶体分散体系脱稳和凝聚的过程称为化学混凝。在混凝过程中，微小悬浮微粒和胶体杂质被聚集成较大的固体颗粒，使颗粒性的杂质与水分离的过程，称为混凝澄清处理。

在化水处理中，从原水投加混凝剂开始，到产生大颗粒的絮凝物为止，整个过程叫混凝处理过程。一般认为它包括两个阶段：首先是胶体颗粒脱稳，它是指水中胶体颗粒的双电层被压缩或电性中和而失去稳定性的过程，即在瞬间内将混凝剂与水快速均匀混合并产生一系列化学反应，这一过程所需要的时间很短，一般可在10~30s内完成，最多不超过2min；第二个阶段是絮凝，它是指脱稳后的胶体颗粒聚合成大颗粒絮凝物的过程，这一过程需要一定的聚合时间。

26. 混凝剂在水处理中的作用是什么?

在水的预处理中，能够使水中的胶体微粒相互黏结和聚结的这类物质，称为混凝剂。混凝剂之所以能够使水中胶体脱稳而促使胶体微粒相互凝结和聚结沉淀，是因为混凝剂在混凝过程中有如下作用：

（1）吸附作用：由于混凝剂特别是高分子物质，在水中起着吸附架桥作用，而使水中微粒相互黏成较大颗粒，然后用沉淀的方法去除胶体物质。

（2）中和作用：由于混凝剂在水中产生大量的高电荷的正离子，而天然水中的胶体物质大都带负电，使它们异电相吸，相互中和，从而消除了胶体微粒之间的静电斥力，且能长为大颗粒，借自重沉降而去除。

（3）面接触作用：絮凝过程是以微粒作核心在其表面上进行的，而使微粒表面相接触，并黏结成大颗粒，通过沉淀而去除。

（4）过滤作用：凝絮在水中沉降的过程，犹如一个过滤网下降，从而包裹着其他微粒一起沉降。

27. 为什么石灰软化常和混凝处理同时进行？

石灰软化常和混凝处理同时进行，是取混凝处理之长，来补石灰处理之短的巧妙方法。因为，石灰处理可以将水中的 Ca^{2+}、Mg^{2+} 分别转变为 $CaCO_3$ 和 $Mg(OH)_2$ 难溶于水的物质。然而这种沉淀物常常不能形成大颗粒，有的呈胶体状态悬浮于水中。这正像其他胶体物质一样，由于带有相同电荷互相排斥，而不能聚合成大颗粒沉淀下来，反而使水中的 $CaCO_3$ 等物质增加，这对于水处理是不利的。为此，必须设法将石灰软化过程生成的难溶物质，经混凝过程使其形成沉淀物而除去。因为混凝过程所形成的凝絮能吸附石灰处理中形成的胶体物质成为大颗粒，在澄清池里沉降下来，从而既除去了硬度，又能使水得到澄清。石灰处理中的混凝剂，一般采用铁盐，如硫酸亚铁 $FeSO_4 \cdot 7H_2O$。由于硫酸亚铁在使用过程中，pH 值需在 8.5 以上，以便将 Fe^{2+} 氧化为 Fe^{3+}。而石灰处理过程，恰好可以提高水的 pH 值，将亚铁盐氧化为铁盐。但铝盐混凝剂要求 pH 值在 5.5～8.5 范围内，因此，不宜与石灰处理同时进行。

28. 在水处理过程中，哪些因素影响混凝效果？

（1）水温。水温对混凝效果有明显的影响。低温时混凝效果差，絮凝很缓慢，那是由于无机盐类混凝剂在水解时是吸热反应，水温低时，水解十分困难。特别是硫酸铝，当水温低于5℃时，水解速度极为缓慢，且低温的水黏度大，水中杂质的热运动减慢，彼此接触碰撞的机会减少，不利于相互凝聚。水的黏度大，水流的剪力增大，絮凝体的成长受到阻碍，所以，低温时混凝的效果差。改善的办法是利用锅炉连续排污的热量将补给水加热，提高混凝处理效果。

(2) 水的pH值和碱度。从硫酸铝的水解反应可以看出，水解过程中不断产生H^+必将导致水的pH值下降，要使pH值维持在适宜的范围以内，应有碱性物质与之中和。天然水中均含有一定碱度（通常是HCO_3^-碱度），它对pH有缓冲作用。

当原水碱度相当时，pH值略有下降，不致影响混凝效果。当原水碱度不足或混凝剂投加量甚高时，水的pH值将大幅度下降，以致下降到远离中性点以下。为了维持水的最佳pH值，此时需投加石灰或重碳酸钠等碱性物质进行调整。

(3) 水中杂质的成分、性质和浓度。水中的杂质像黏土之类，如粒径细小而均一，则混凝效果差；颗粒的浓度（即水的浊度）过低也不利于混凝；水中如存在大量的有机物质会吸附于胶粒表面，使失去了原有胶体微粒的特性而具备了有机物的高度稳定性，混凝效果就差；水中溶解盐类的浓度，如果引起阴离子的增加，与胶体微粒带的电荷相同，也影响混凝效果。水中杂质的成分、性质和浓度都对混凝效果有明显的影响。例如，天然水中含黏土类杂质为主，需要投加的混凝剂的量较少；而污水中含有大量有机物时，需要投加较多的混凝剂才有混凝效果。在生产和实用上，主要靠混凝试验来选择合适的混凝品种和最佳投量。

(4) 接触介质。在进行混凝处理或混凝与石灰沉淀同时处理时，如果在水中保持一定数量的泥渣层，可明显提高混凝处理的效果。这个泥渣层就是前期混凝处理过程中生成的絮凝物，它可提供巨大的表面积，通过吸附、催化及结晶核心等作用，提高混凝处理的效果，所以在目前设计的混凝沉降处理设备中，都设计

了泥渣层。

第二节 水的沉淀、沉降与澄清处理

29. 什么叫水处理的沉淀、沉降与澄清？

用化学方法把水中溶解性物质转化为难溶性物质而析出的过程称为沉淀，把水中的固体颗粒借助重力下沉而分离的过程称为沉降。利用原水中加入混凝剂并在池中积聚的活性泥渣相互碰撞接触、吸附，将固体颗粒从水中分离出来，而使原水得到净化的过程称为澄清。

水中固体颗粒靠其重力自然沉降，在沉淀过程中不改变形状、大小和密度。水中投加某种药剂，通过化学反应，水中固体颗粒及胶体物质与加入的混凝剂发生混凝作用而转变成较大颗粒而下沉。使溶解于水的某些杂质如钙镁离子转化为难溶物质而沉淀，此为沉淀软化法。

30. 水的沉淀处理法在电厂中应用范围有哪些？

水的沉淀处理就是向水中投加一种化学药剂，使该药剂与水中的结垢性离子进行化学反应，生成难溶的化合物（如碳酸钙，氢氧化镁），从水中沉淀析出，所用的化学药剂称为沉淀剂。在早期的水处理中所用的沉淀剂有石灰、苏打、氯化钙、氢氧化钠和磷酸钠等，处理的方式有热法和冷法，是经典的水处理方法之一。目前由于离子交换水处理和膜分离等技术的发展，水的沉淀处理法已很少采用，但冷法石灰处理仍在应用。因为石灰具有价格便宜、处理效果好等优点，所以目前它不仅用于工业水的处理，也用于循环冷却水和锅炉补充水的处理。

31. 水的沉降处理过程是什么样的？

利用重力使水中比水重的悬浮颗粒下沉而析出的过程称为水的沉降处理。此法比较简单，所以在水净化工艺中经常采用。

在水净化工艺，所涉及的颗粒，除较大的砂粒外，一般都具有絮凝性。这些絮凝体包含着大量水分，它们的密度与水相近。不同的悬浮颗粒，由于它们的黏结性不一样，在水中的沉降特征有很大差别。有许多悬浮颗粒在水中沉降时会发生颗粒间彼此黏合的现象，这种性能称为絮凝性，这类物质称为絮凝体。絮凝体常常是由脱稳胶态物质聚结而成的。还有许多颗粒介于以上两种颗粒之间，它们也具有一定的絮凝性，所以絮凝性不是绝对的，有强弱之分。

水中悬浮颗粒的沉降过程比较复杂，因为影响此过程的因素很多，如颗粒本身的聚结性（絮凝性的强弱）、颗粒的密度和大小、各种大小颗粒的相对量和水温等，还有当许多颗粒一起沉降时发生的彼此干扰。颗粒在静水中的沉降可以分为两种情况：一种叫自由沉降，还有一种叫拥挤沉降。

32. 澄清池的作用原理是什么？

在水的沉淀处理时，将水中混有的泥渣清除，保持水的相对清洁运行。这种将泥渣清除的沉淀设备称为澄清池。澄清池作用原理是利用悬浮泥渣层与水中杂质颗粒相碰撞、吸附、黏合，达到沉淀处理效果。当水和药剂在澄清池内混合后，由新混凝剂的电离和水解，形成带有正电荷的胶体，在离子的作用下，渐渐絮凝成粗大的渣泥，在重力作用下沉降。在凝絮形成和在下沉过程中，还会吸附水中原有的胶体杂质。此外，水中胶体大都带负电，故和混凝剂形成的胶体发生中和作用。另外，当水中悬浮物含量较多时，悬浮物也可作为凝絮的核心，当凝絮在下降过程中时，可把悬浮物带走。

33. 澄清池的工作流程是什么？

澄清池构造见图 2-1。首先经过空气分离器，把水中含有的空气分离出去。这样就可以避免空气进入澄清池内，搅动悬浮层和把悬浮泥渣带出澄清池，破坏悬浮层的正常工作。

不含空气的水和各种药剂，经过喷嘴送入澄清池下部的混合区。由于混合区水流旋涡很强，可以使混凝剂与水充分混合。

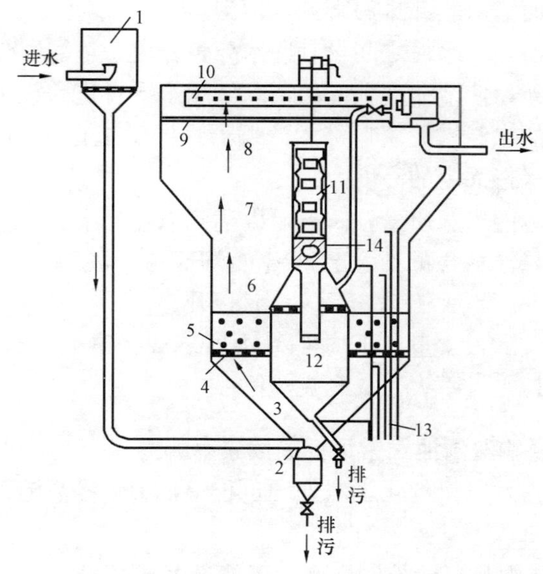

图 2-1 悬浮澄清池

1—空气分离器；2—喷嘴；3—混合区；4—水平隔板；5—垂直隔板；6—反应区；7—过渡区；8—出水区；9—水栅；10—集水槽；11—排泥系统；12—泥渣浓缩器；13—采样管；14—可动罩子

在混合区上部装有水平和垂直的多孔隔板，从混合区出来的水继续向上流经多孔板时，多孔板既能使水得到进一步的混合，又能消除旋涡使其成为平稳水流，进入反应区。反应区是澄清器的中心部分，是主要工作区。当水进入反应区后，水中杂质逐渐凝聚成絮状悬浮物（称为泥渣），由泥渣组成的悬浮层对水起过滤作用。

经过反应区悬浮层的水，继续上升，进入过渡区。由于筒体截面逐渐增大，水的流速逐渐减小，使悬浮物与水分离。澄清池上部出水区截面最大，水在这里流速最低，水与悬浮物得到了很好的分离。最后，澄清水由环形集水槽引出，送至清水箱。

澄清池的中央设有垂直圆形的排泥筒。沿着排泥筒的不同高度开有许多层窗口，多余的泥渣自动地经排泥窗口进入浓缩器，浓缩后的泥渣由底部排污管排入地沟。

浓缩器与集水槽之间设有回水导管。由于浓缩器与集水槽之间有水位差，使浓缩器上部的清水经加水导管送入集水槽，而悬浮层上部的水经排泥窗口进入浓缩器，同时带走了多余的泥渣，使悬浮层保持固定的高度。

澄清池的出水质量，一般可以达到以下标准：

（1）悬浮物含量不大于20毫克/升。

（2）碱度不大于0.85毫克当量/升。

（3）硅酸根含量，平均可降至1.0～1.5毫克/升。

（4）耗氧量不大于5毫克/升。

34. 影响澄清池正常运行的因素有哪些？

在火力发电厂的化学水处理过程中，影响澄清池正常运行的主要因素有以下几点：

（1）排泥量。要控制适当，不能过多或过少。

（2）泥渣循环量。

（3）间歇运行。尽量避免长时间停运，以免泥渣被压实甚至腐败。

（4）水温变动。变动范围过大，则容易因高温水与低温水之间密度差而产生对流现象，影响出水水质。

（5）空气混入。如有空气混入，会形成气泡上浮搅动泥渣层，使泥渣随水带出。故需在进水前将空气分离掉。

（6）澄清池流量变动不宜过猛，应逐步增加，否则泥渣被冲起而使悬浮量增加。

35. 水力循环加速澄清池的工作流程是什么样的？

水力循环加速澄清池主要由进水混合室（喷嘴、喉管）、第一反应室、第二反应室、分离室、排泥系统、出水系统等部分组成。原水由池底进入，经喷嘴高速喷入喉管内，此时在喉管下部喇叭口处造成一个负压区，高速水流将数倍于进水量的泥渣吸入混合室。水、混凝剂和回流的泥渣在混合室和喉管内快速、充分

混合与反应。混合后的水的流程与机械加速澄清池相似，即由第一反应室→第二反应室→分离室→集水系统。从分离室沉下来的泥渣大部分回流再循环，少部分泥渣进入泥渣浓缩室浓缩后排出池外。

泥渣循环的动力靠进水本身的动能，它的池内没有转动部件。由于它结构简单，运行管理方便、成本低，适宜处理水量为50～400m^3/h，进水悬浮物含量小于2000mg/L，高度上很适宜与无阀滤池相配套，因此在火电厂水处理中应用较多。

喷嘴是水力循环澄清池的关键部件，它关系到泥渣回流量的大小。泥渣回流量除与原水浊度、泥渣浓度有关外，还与进水压力、喷嘴内水的流速、喉管的管径等因素有关。运行中可调节喷嘴与喉管下部喇叭口的间距来调整回流量。

36. 水力循环加速澄清池是如何启动运行的?

在启动运行时，为尽快达到所需泥渣浓度，可使进水量为设计出水量的1/2～2/3，适当加大投药量（约正常计量的1～2倍)，减小第一反应室的提升水量。

在泥渣形成过程中，逐步提高泥渣回流量。同时，应定期取样测定池内各部位的泥渣沉降比，若第一反应室和池底部泥渣沉降比逐步提高，通常泥渣层在2～3h后即可形成，可逐步减少加药量。若发现泥渣比较松散、絮凝体较小或原水水温和浊度较低，可适当向池内投加黏土促使泥渣层尽快形成。

当泥渣层形成后，出水浊度应达到设计要求：将加药量减至正常值，然后逐渐加大进水量，每次增加水量不超过额定水量的20％，间隔不得低于1h。

当泥渣面达到规定高度时，应进行排泥，使泥渣层高度稳定。为使泥渣保持最佳活性，一般控制第二反应室泥渣沉降比在5min内控制10％～20％。

37. 水力循环加速澄清池在正常运行时，有哪些注意事项?

在正常运行时，澄清池应保持稳定的加药量和合格的出水质量，应每隔2～4h记录一次进水流量、压力，测定一次进、出水浊度、pH值及各部位泥渣沉降比。

在运行中，澄清池的负荷应稳定，不宜大幅度波动。

进入澄清池的水应无空气，以避免由于空气的扰动而影响澄清池的出水质量。

当澄清池需要提高（或降低）负荷运行时，每次增加水量不超过额定水量的20%，间隔不得低于0.5h。

澄清池排泥一般每天排放1～2次，排泥时间不宜过长，以免活性泥渣排出太多，影响澄清池的正常运行。

当澄清池停运8～24h重新启动时，因泥渣处于压实状态，所以应先从底部排出少量泥渣，并控制较大的进水量和加药量，使底部泥渣松动、活化后，然后调整出力至设计值2/3左右运行，待出水水质稳定后，再逐渐降低加药量，加大进水负荷至正常进水量运行。

38. 澄清池在运行中发生不正常现象时，应当如何处理？

当清水区出现细小絮凝体、出水水质浑浊、第一反应室絮凝体细小、反应室泥渣浓度变小时，都可能是由于加药量不足或原水浊度太低造成的，应随时调整加药量或投加助凝剂。

当分离室泥渣层逐渐上升、出水水质变坏、反应室泥渣浓度增高、泥渣沉降比达到25%以上、或泥渣斗的沉降比超过80%以上时，都可能是由于排泥量不足，应缩短排泥周期，加大排泥量。

清水区出现絮凝体明显上升，甚至出现翻池现象，可能有以下几种原因：日光强烈照晒，造成池水对流；进水量超过设计值或配水不均匀造成偏流；投药中断或排泥不适；进水温度突然上升应根据不同原因进行调整。

39. 澄清池的运行维护措施有哪些？

运行时，应根据补给水原水水质情况的变化，决定是否投运预沉池。当进水浊度小于2000mg/L时，预沉池可以不投入运行，可通过旁路进入下一处理工艺。

在预沉池进水管上安装有管式混合器，混合器上设有助凝剂投加口，当预沉池投运时，应根据出水水质情况，调整助凝剂的加药量。

在池内各部设有取样管，应经常放水使其管道内保持通畅（特别是排泥区取样管）。为了掌握预沉池各部的水质情况，应定时取样化验。

为防止排泥管堵塞，保证出水水质，运行中应加强管理，作好记录，并根据实际运行经验，即时调整排泥周期。如发现排泥不畅，或阻塞，应及时检查，进行排泥管反冲，必要时关闭单元进水阀，放空检查。

在排泥管上设水力控制角式排泥阀和手动偏心半球阀检修。预沉池经一段时间运行，在池壁和斜管顶部会产生积泥，对管顶积泥采用压力水冲洗（在池顶设有冲洗水源），严重时应人工清洗。

预沉池排泥是出水水质的重要保障，它直接影响到沉淀效果的好坏，在运行中应严格控制排泥周期和排泥时间。预沉池排泥阀采用角式双腔隔膜排泥阀，排泥阀采用电磁四通换向阀进行控制开关，控制水源管为清水。实际运行中，可根据实际情况调整排泥周期及排泥时间。

排泥时最好沿着水流方向依次排泥，每次开启一组排泥斗内的排泥阀，待排泥完毕，关闭排泥阀后，再排附近泥斗的泥，以免排泥时对水流干扰过大，影响水处理效果，同时，可以避免泥斗间的相互干扰，减少不必要的水量浪费。

40. 澄清池出现大量矾花上浮是何原因?

澄清池出现矾花上浮的原因是多方面的，它将直接影响出水水质，因此要引起注意。澄清池出现大量矾花上浮的原因：

（1）澄清池搅拌机的转速过快，搅碎了矾花，而碎矾花再凝聚就更困难，使泥渣强度下降，矾花上浮。遇到此种情况时，要控制好搅拌机叶轮外缘的线速度，不得超过设计规定，并适当增加混凝剂的用量，重新形成悬浮泥渣层。

（2）澄清池回流缝堵塞，活性泥无法回流，矾花沿池壁上浮。此时要开启回流缝冲洗管道，疏通堵塞，适当进行中心排污，提升搅拌机的回流量至出水水量的4～5倍，就可以避免上浮现象。

（3）没有及时定期排污，或是泥渣层高度波动较大，或是泥渣层过高，引起矾花上浮。这时，要及时进行排泥，调整或控制好泥渣层高度。

（4）混凝剂加量小，难以形成矾花，凝聚效果差，悬浮物没能分离和沉淀；或是混凝剂加量过大，产生反离子现象，难以凝聚，也会产生矾花上浮现象。

（5）水温突变，水流因此而扰动，泥渣层上浮。此时，可适当降低搅拌速度，适当增加混凝剂用量，调节出水量使水流稳定。如果有可能，可以适当投加活性泥或黏泥。

（6）如果是加石灰浆的澄清池，由于加量过大，会生成$CaCO_3$胶体，使得矾花体积大而密度小易上浮。但如果加量过少，生成的$CaCO_3$沉淀小，矾花体积小，反应区上部的泥渣层强度降低而上浮，这时要适当调整搅拌机速度，并稳定控制碱度，并适当增加混凝剂量。

41. 沉淀池与澄清池有何区别？

沉淀池是用来使原水中悬浮物进行沉降分离的池子。它的特点是混凝后矾花在池中直接沉淀。而澄清池是利用悬浮泥渣层与加凝聚剂的水中杂质颗粒碰撞、吸附、黏合来提高处理效果的一种装置，是把反应和澄清两个过程集中在一个池内完成的。它的特点是混凝后的矾花，经过悬浮泥渣发生接触凝聚后沉淀。

42. 平流式沉淀池的工作流程是什么样的？

平流式沉淀池由进水区、出水区、沉淀区和污泥区四个部分组成。如图2-2所示池体平面为矩形，进出口分别设在池子的两端，进口一般采用淹没进水孔，水由进水渠通过均匀分布的进水

孔流入池体，进水孔后设有挡板，使水流均匀地分布在整个池宽的横断面；出口多采用溢流堰，以保证沉淀后的澄清水可沿池宽均匀地流入出水渠。堰前设浮渣槽和挡板以截留水面浮渣。水流部分是池的主体，池宽和池深要保证水流沿池的过水断面布水均匀，依设计流速缓慢而稳定地流过。污泥斗用来积聚沉淀下来的污泥，多设在池前部的池底以下，斗底有排泥管，定期排泥。

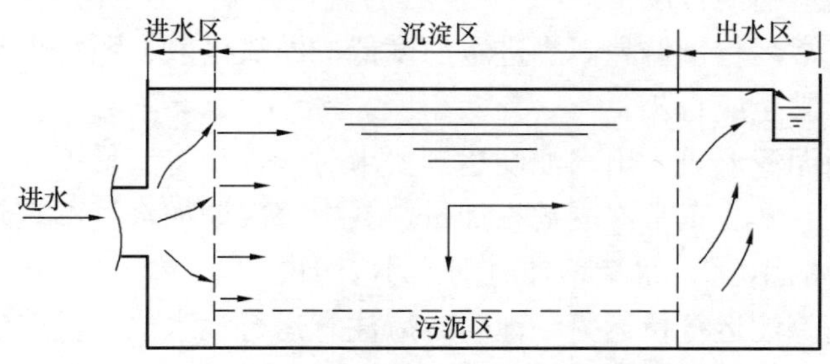

图 2-2　平流式沉淀池工作流程

43. 什么叫斜板、斜管沉淀池?

根据沉淀理论，沉淀的效果与沉淀面积和沉降高度有关，与沉降时间关系不大。斜板、斜管沉淀池以增加沉淀面积，降低沉降高度来提高沉淀效果。进一步发展了平流沉淀池。

斜板、斜管沉淀池是在池中安放一组并排叠成并有一定坡度的平板或管道，被处理的水从管道或平板的一端，流向另一端，这相当于很多很多个很浅很小的沉淀池组合在一起。

由于平板的间距和管道的管径较小，所以水流在此处成为层流状态。因此，当水在各自的平板或管道之间流动，各层隔开互相不干扰，为水中固体颗粒的沉降创造十分有利的条件，从而也提高了水处理效果和能力。

斜板、斜管沉淀池按水流方向，一般分为上向流、下向流和平向流三种。上向流的水流方向是水流自下向上流动的，而沉泥是自上向下滑动的，两者流动的方向正好相反，故常称为异向流，斜管沉淀池均属异向流。下向流的水流方向和沉泥的滑动方向都是自上向下的，故常称为同向流。同流向的特点是，沉泥和水为同一流向，但清水流至沉淀区底部后仍需返回到沉淀池顶部引出，使沉淀区的水流过程复杂化。平向流的水流方向是水平的，而沉泥仍然是自上向下滑动的，两者的流动方向正好垂直。

44. 絮凝沉降池投运有哪些注意事项?

投运初期：以 1/3～1/2 左右的流量运行。初期混凝剂加药量比正常运行量偏高。当进水浊度低、泥渣松散、颗粒小时，可以投加黏土或石灰。

当泥渣形成，出水浊度达到要求时，逐步将流量提高到额定出力，并恢复正常混凝剂投加量，其中每次增加水量不宜超过设计水量的 10%，水量增加时间不小于 1h。

当一池运行投运另一池时，应注意运行池水位，投运池进口门不应开得过大，待集水槽出水后，全开进口门。

45. 絮凝沉淀池的运行维护措施有哪些?

通水前检查加药系统是否正常，保证加药系统正常运转 5～10min 后，为防止大流量冲击损坏均流格栅，应缓慢开启絮凝沉淀池进水总阀门。

絮凝沉淀池通水后，观察出水效果，每 2h 测定一次出水浊度，保证出水浊度符合要求。根据以下所述情况，进行相应的调整：

如果反应池末端絮凝颗粒细小，水体浑浊，且不易沉淀，则表明混凝剂投加量可能不够，此时应增加投药量。

如果反应池末端絮凝体颗粒较大但很松散，沉淀池出水异常清澈，但是出水中还夹带大量絮凝体，则说明混凝剂投加量过大，应适当减小投药量。

如果沉淀池内有大量絮凝体上浮，说明沉淀池排泥不及时，应及时进行排泥。为避免沉淀池沉淀设备上部积泥，应 15 天大排泥一次（所有排泥阀按顺序打开），使沉淀池水面降至沉淀设备以下，必要时可用清水冲洗。

为保证出水水质，应按上述要求进行操作，严格控制排泥周期和排泥时间，保证及时准确排泥。当排泥系统自动运行时，要经常检查其是否处于正常工作状态，发现问题，及时消缺，保证排泥顺畅。如发现排泥不畅或阻塞，应即时检查，进行排泥管反冲，必要时关闭单元进水阀，放空检查。

反应沉淀池经一段时间运行，在池壁和斜管顶部会产生积泥，应定期对絮凝沉淀池内的设备进行清洗，一般情况下，斜管池顶部积泥采用压力水清洗，严重时应人工清洗。具体操作方法是，用自来水或消防水枪对准设备冲洗即可，（消防水枪压力过大，应适当调小水量再进行清洗，避免破坏设备）。

一般情况下洪水期（5～10 月）半月冲洗一次，枯水期（11 月～次年 4 月）每月冲洗一次，积泥严重时应及时清洗。

沉淀区设备（斜板）材质为聚丙乙烯，紫外线直射易分解老化，因此，在絮凝沉淀池停运期间，保证池中水位高于斜板。

每座絮凝沉淀池清水经集水槽收集后进入汇水槽内，汇水槽再自流进入出水槽。在每格池子出水槽上均设置有分格堰，堰板高度可调整。至冷却塔补水、清水池补水及过滤器进水管分别从不同的分格内引接，设计考虑首先满足无阀过滤器进水，再满足冷却塔补水及清水池补水。根据水阻不同，分格堰上设置有高度可调节的堰板，调试及运行人员应根据实际情况，调整堰板的高度，实现各系统补水的均衡。

第三节　水的过滤处理

46. 过滤处理对于化水处理的意义是什么?

在滤池的原水进水管道中，加入凝聚剂，在管道中进行接触、混合、凝聚，然后，进入过滤池进行过滤，以去除水中的悬浮物，这种系统称为接触过滤，也称为接触凝聚过滤系统。

生水经过混凝、沉淀处理后，虽然已将水中大部分悬浮物等杂质除掉，但是水中仍残留有 20mg/L 左右的细小悬浮颗粒，这种水还不能直接送入后续除盐系统，而需要进一步降低水中浊度，最有效的方法就是过滤处理。在电厂水处理中，主要是采用粒状滤料形成滤层，当浑水通过滤层时，就可以把水中悬浮物吸附截留下来，流出的是清水。水的过滤是一种去除水中悬浮颗粒状杂质的操作过程，过滤不仅可以降低水的浊度，而且还可以除去水中的部分有机物、细菌甚至病毒。

当水经过滤层时，被水夹带的悬浮颗粒在某些物理因素作用下会脱离水流流线，向滤料表面靠近，由于悬浮颗粒与滤料颗粒之间的黏附作用，悬浮颗粒黏附在滤料表面。但滤料颗粒和被截留的悬浮颗粒间的黏合程度并不十分牢固，因此在水力作用下，一部分已黏着的悬浮颗粒会从滤料表面剥落下来，被水流带入下一层滤料，并重新被截留。随水流流动的悬浮颗粒之所以能脱离水流流线向滤料颗粒表面靠近，是由于某些物理因素的作用，这些物理作用有拦截、惯性、扩散、沉降和流体动力作用。

47. 过滤过程是如何实现的?

过滤器内以不同颗粒的大小滤料，从上到下，由小而大依次排列（指单层滤料）。当水从上流经滤层时，水中部分悬浮物由于吸附和机械阻留作用，被滤层表面截留下来，经过一段时间以后，由于悬浮物的重迭和架桥（或称胶联）等作用，滤层表面好像形成了一层附加的滤膜，此膜起过滤作用，这种过滤机理称为薄膜过滤。同时，当水在通过滤层中间的孔道时，悬浮物也被截留，这种过滤被称为渗透过滤。另外，经过沉淀处理层的细小杂质所带电荷斥力已大大降低，在通过滤层时和砂粒有更多的碰撞机会。于是，水中杂质便黏附在砂粒表面。水就更清了，由于是以滤料颗粒作为接触介质的，因此称为接触过滤。

通常，过滤器过滤就是通过薄膜过滤，渗透过滤和接触过滤、使水进一步得到净化。过滤除去的不仅是大于过滤介质孔径的颗粒，较小的也能除去。大量运行说明，过滤过程有以下作用：

（1）吸附。滤料颗粒表面吸附了水中细小的颗粒。

（2）架桥。截留下来的悬浮物在滤颗粒表面发生重叠和架桥的过程，因此形成了一层附加的滤膜。

（3）混凝。凝絮，悬浮物和沙粒表面之间发生了与混凝作用相同的颗粒凝集过程。

（4）筛分。完成大小悬浮物的大小分离过程。

48. 什么是影响滤池运行的主要因素？

在化水处理过程中，影响滤池运行的主要因素有滤速、反洗和水流的均匀性等。具体地说：

滤速：滤池的滤速不能过于慢，因为滤速过慢，单位过滤面积的处理水量就小。为了达到一定的出水量，势必要增大过滤面积，也就要增加投资。但如果滤速过快，不仅增加了水头损失，过滤周期也会缩短，并会使出水的质和量下降。滤速一般选择 10～20m/h。

反洗：反洗是用以除去滤出的泥渣，以恢复滤料的过滤能力。为了把泥渣冲洗干净，必须要有一定的反洗速度和时间。这与滤料大小及相对密度、膨胀率及水温都有关系。滤料用石英砂的反洗强度为 15L/（s·m^2）；而用相对密度小的无烟煤时为 10～12L/（s·m^2）。反洗时，滤层的膨胀率为 25%～50%，反洗时间 5～6min。只有反洗效果好，才能使滤池的运行良好。

水流的均匀性：无论是运行或反洗时，都要求各截面的水流分布均匀。要使水流均匀，主要是排水系统要良好。只有水流的均匀性，才能使过滤效果良好。

滤料的粒径大小和均匀程度：滤料的粒径大小和均匀程度对过滤效果影响极大。

49. 对过滤器的滤料有何要求？

过滤器常用的滤料有石英砂、无烟煤、陶土粒、磁铁矿等，不管采用哪种，均应满足下列要求：

要有足够的机械强度，不致冲洗时引起磨损和破碎；要求其机械强度好，是以免在冲洗过程中颗粒因摩擦而破碎，破碎的细粒，易进入过滤水中，磨损和破碎会使粒径变小，增加了“干净滤层的水头损失”，而且在反洗时，也将会被水流带出，增加了滤料的损耗。

要有足够的化学稳定性，不能溶于水，否则要影响过滤水质。滤料也不能向水中释放出其他有害物质；要求化学稳定性好，是为了防止在过滤过程中，滤料因发生溶解现象，而导致出水水质不良。

要有一定的级配和适当的孔隙率。价格便宜，货源充足，能就地取材。

50. 机械过滤器的出口水质浊度升高的原因是什么？如何处理？

机械过滤器的出口水质浊度升高原因及处理方法见表2-1。

表2-1　　机械过滤器出口水质浊度升高原因及处理方法

原　　因	处 理 方 法
过滤器内滤料流失，滤层高度降低，对外界条件变化（水质、流速等）的缓冲能力降低	停运检修、添加滤料，滤层达到规定要求，启动备用过滤器或调节其他运行过滤器的出力
过滤速度过大	调节流速，使之控制在规定值内
反洗操作不标准，杂物清洗不彻底	停止运行，重新进行彻底反洗
水源水质突然恶化，或预处理操作不标准，这些均会影响过滤器的安全经济运行	通知有关单位，应立即切换水源，对操作不执行标准的应立即进行教育和培训

51. 机械过滤器入口水压力降低是什么原因？如何处理？

表2-2　　机械过滤器入口水压力降低原因及处理方法

原　　因	处 理 方 法
水处理室用水量异常增大	适当增开清水泵或限制用水量
清水泵有缺陷或运行两台清水泵时而其中一台突然停运	立即启动备用泵，对故障泵查明原因报修处理

续表

原因	处理方法
与运行泵并联的备用泵的出口门（无回止阀）、入口门没关或没关严；有回止阀而失灵	关严备用泵的出、入口门，有回止阀关泵的出口门
清水泵的出口管道破裂	查出故障点，将此管停运，投入备用水道

52. 过滤器在运行中有哪些注意事项?

过滤器在工作时，浑水经进水口流到进水漏斗，然后流经过滤层除掉浑水中的细小悬浮物而成为清水。此清水上排水系统送出。滤速为 8～10m/h 或更大些。

过滤器的运行过程中，由于滤料不断吸附浑水中的悬浮杂质，使运行阻力逐渐增大。当阻力增大到一定时，应停止运行，对滤料进行反洗。

反洗滤料时，先将过滤器内的水排放到滤层以上约 10cm 处，用压缩空气吹洗 3min 左右，然后将反洗清水和压缩空气从过滤器底部排水系统进入，经过滤层上升并冲动滤料使滤料浮动起来。此时滤料颗粒在水中游动并相互摩擦，这样将滤粒表面所吸附的杂质洗掉。在用清水和压缩空气混合反洗 3～5min 后，停止压缩空气，仅用清水继续反洗约 2min 后停止反洗。洗掉的吸附杂质随水上升，经上部进水漏斗上底部排水门排入地沟。最后，用水正洗至合格投入运行或备用。

53. 双层滤料对于过滤效果的影响?

一般机械过滤器多用单层滤料，但单层滤料反洗后，在水流的作用下，滤料颗粒形成了“上细下粗”的排列。由于滤层上部的砂粒细，砂粒之间孔隙小，所以吸附的悬浮物大多数集中在上面，致使滤层下部的滤料不能充分发挥吸附作用。这样就带来了水流阻力增长快，运行周期短的缺点。

为了消除上述缺点，采用了双层滤料的办法。就是将滤层上部石英砂换一层颗粒较大的无烟煤，组成无烟煤-石英砂的双层滤料的过滤器。由于无烟煤的比重比石英砂的小，所以反洗后无烟煤仍然保持在上层。上层无烟煤颗粒之间的孔隙较大，水中悬浮物除被无烟煤吸附外，还可以进入下层石英砂滤层。这样就充分发挥了滤料的截污能力，使水流阻力增长较慢，延长了运行周期。

54. 无阀过滤器的工作原理是什么？

无阀过滤器属重力流过滤，既利用水体自身的重力自动运行完成过滤及反冲洗过程。在运行过程中不需要人工操作，有效地减轻工人劳动强度，且出水水质良好。普通砂质滤料即能完成地表水的过滤，当经适当改造，采用其他相应的滤料后还可实现地下水的除铁、除锰以及工业水的软化除盐等。

来水由进水管送入滤池，经过滤层自上而下地过滤。清水即从连通管注入水箱内贮存，水箱充满后，水流通过出水管进入清水池。滤层不断截留悬浮物，造成滤层阻力的逐渐增加，因而促使虹吸上升管内的水位不断升高。当水位到达虹吸辅助管管口时，水自该管中落下，通过抽气管，借以带走虹吸下降管中的空气，当真空度达到一定值时，便发生虹吸作用。这时，水箱中的水自下而上地通过滤层，对滤料进行反冲洗，当冲洗水箱水面下降到虹吸破坏管管口时，空气进入虹吸管，破坏虹吸作用，滤池反冲洗结束，滤池进入下一周期的工作。

55. 无阀滤池的运行维护措施有哪些？

滤池初次运转时，将水注入冲洗水箱，通过集水区，使水自下而上缓慢地通过滤料，以排除集水区及滤料空隙间的空气。

滤池初次反冲洗前，应先将冲洗强度调节器调整到约为1/4下降管直径的开启度进行冲洗，然后逐次放大开启度，至规定冲洗强度为止。

二格冲洗水箱的储水量，可供一格滤池冲洗之用。在正常运

行时，二格冲洗水箱是连通的。当一格滤池检修时，可以关闭连通管上的连接蝶阀。此时，如滤料冲洗不干净，则可待水箱灌满后，用人工强制冲洗器再次冲洗。

检查虹吸下降管与辅助管，如长时间有水流出而不能形成自动反洗时，应检查强制反洗门是否关严，否则进行强制反洗。

强制反洗操作：开启强制反洗进水门，反洗开始后关闭该门；反洗中要注意上升监视管的水位，严防漏气，破坏虹吸的形成。

滤池运行后，应定期检查滤料是否平整，有无泥球或裂缝等情况。

在无阀过滤器基础平台旁边设有集水坑，运行人员应根据集水坑内水位情况，用厂区移动潜水泵，及时排出集水坑内积水。

56. 如何鉴别过滤器在运行中效果的好坏？

运行效果的好坏可以用测定出水的浊度来监督。但是，这个指标不能指示过滤的进展情况。因为在滤池运行中，出水浊度的变动规律性不强，而且如果等运行到出水浊度显著增大时才进行清洗，则实际上滤层已经受到严重的污染，以致不易冲洗干净，所以在运行中实际监督的指标是水流通过滤层的压力降。在滤池运行过程中，水头损失的变动较明显，而且压力的测量也比较简单。

57. 为什么过滤器水头损失不能太大？

因为水头损失太大时，过滤器操作必须增大压力，这样就易于造成滤层破裂的现象。此时大量水流从裂纹处穿过，破坏了过滤作用，从而影响出水水质。此外，水头损失太大，滤料污染严重时，容易造成反洗时不易洗净、滤料结块等不良后果。不仅如此，水头损失太大，还有可能在滤层中形成“负水头”现象，使过滤有效面积减少，运行工况变坏，所以水头损失不能控制太大。

第四节 水的吸附处理

58. 为什么要进行水的吸附处理？

在火力发电厂的锅炉补给水处理中，水中含有的微生物进入后续的离子交换设备或膜分离设备后，会对离子交换树脂或膜造成损害，因为它们都是人工合成的有机化合物。另外，如微生物进入热力系统，会分解出一些低分子有机物，影响锅炉水和蒸汽的品质在天然水中还含有各种有机物，虽然通过水的混凝沉降与过滤处理除去了一部分，但大部分有机物会进入后续处理。如果后续处理是离子交换树脂，会造成树脂的有机物污染；如果后续处理是精过滤膜分离，会使精密过滤器提前生效；如果有机物进入热力系统，会分解出一些低分子有机酸，也会影响锅炉水和蒸汽的品质。

因此，在锅炉补给水的处理中，有时需要考虑水吸附处理。特别是目前随着天然水源的污染日益严重和高参数机组的不断出现，水的吸附处理工艺还会逐渐增多。

59. 活性炭的主要特点是什么？

吸附处理所用的滤料为活性炭。活性炭使由动物炭、木炭等经药剂处理或高温焙烧等活化过程制成的。活化目的是造成细孔，扩大吸附面积。活性炭粒度小，比表面积大，总孔容积也较大，是非极性吸收剂，对有机物由较强的吸附力。当清水进入活性炭过滤器时，利用粒状活性炭的吸附性能，降低水中有机物含量以及去除水中余氯和硅体胶，有效地防止了有机物对离子交换剂地污染。活性炭地吸附力以物理吸附为主，一般是可逆的。

活性炭可用来降低水中有机物的含量，但由于天然水中有机物种类繁多，分子的大小也不统一，所以在不同的条件下活性炭除去有机物的效率并不相同，通常它不能将有机物除尽，根据活性炭的性质和水中有机物的组成，其吸附率约 20%～80%。

60. 活性炭为什么要定期清洗或更换?

在其颗粒表面形成一层平衡的表面浓度，再把有机物质杂质吸附到活性炭颗粒内，使用初期的吸附效果很高。但时间一长，活性炭的吸附能力会不同程度地减弱，吸附效果也随之下降。如果水质混浊，水中有机物含量高，活性炭很快就会丧失过滤功能。所以，活性炭应定期清洗或更换。

61. 影响活性炭吸附能力的主要因素有什么?

活性炭颗粒的大小对吸附能力也有影响。一般来说，活性炭颗粒越小，过滤面积就越大。所以，粉末状的活性炭总面积最大，吸附效果最佳，但粉末状的活性炭很容易随水流入水中，难以控制，故很少采用。颗粒状的活性炭因颗粒成形不易流动，水中有机物等杂质在活性炭过滤层中也不易阻塞，其吸附能力强，携带更换方便。

活性炭的吸附能力和与水接触的时间成正比，接触时间越长，过滤后的水质越佳。注意：过滤的水应缓慢地流出过滤层。新的活性炭在第一次使用前应洗涤洁净，否则有墨黑色水流出。活性炭在装入过滤器前，应在底部和顶部加铺 2～3cm 厚的海绵，作用是阻止藻类等大颗粒杂质渗透进去，活性炭使用 2～3 个月后，如果过滤效果下降就应调换新的活性炭，海绵层也要定期更换。

活性炭过滤器压力容器是一种内装填粗石英砂垫层及优质活性炭的压力容器。活性炭吸附剂颗粒的大小，细孔的构造和分布情况以及表面化学性质等对吸附也有很大的影响。活性炭一般在酸性溶液中比在碱性溶液中有较高的吸附率。pH 值会对吸附质在水中存在的状态及溶解度等产生影响，从而影响吸附效果。

62. 活性炭过滤器的操作有哪些注意事项?

在运行时，水流至活性炭层，在活性炭层的拦截、吸附作用下，水中的悬浮颗粒及胶体被截留在滤料层。由于活性炭本身对水流有阻力，因而形成了一定的压力降，即产生水头损失。

随着过滤的进行，水头损失达到某一允许值时，过滤器就应停止运行，进行反冲洗以除去滤层中的悬浮颗粒及杂质，使滤层恢复吸附能力。

具体来说，操作时首先用罗茨风机把滤料搅动起来，以提高反冲洗的效果及减小反冲洗用水量，再用水反冲洗，使用反冲洗自下向上流动，把滤料冲成悬浮状态后，借助于滤料颗粒间的水流产生的剪切力和相互摩擦力，把吸附截留的悬浮物冲刷剥离下来，由反冲洗水带出。

63. 活性炭再生有哪些方法？

活性炭再生，就是将失去吸附能力的饱和活性炭经过特殊处理后，使其重具活性，恢复大部分吸附能力，以便重新利用的过程和方法。随着活性炭应用领域的不断扩大，活性炭的再生技术也在不断发展提高，较常用的再生方法有热再生法、化学再生法和溶剂再生法等。

目前各种活性炭再生方法一般都有一定的局限性。化学再生和溶剂再生对吸附质有较大的选择性，若再生液不能回收，将造成二次污染，工业上广泛应用的热再生法能耗大，炭损失5%～10%，每次再生后炭的机械强度都会下降，而且热再生法设备投资高，操作麻烦。

活性炭电化学再生法（Regeneration of Activated Carbon by Electrochemical Method）是一种新型的活性炭再生技术。其工作原理如同电解池的电解，在电解质存在条件下将吸附质脱附并氧化还原掉，使活性炭得以再生，再生操作既可以采用间歇搅拌槽电化学反应器，也可以采用固定床反应器，并可进行在线操作，其处理对象比化学药品再生的所受局限性要小很多，处理工艺选择得当，处理会比较完全，可以避免二次污染。电化学再生法再生活性炭的效率较高，可以接近90%。

第三章

水的离子交换处理

第一节　离子交换的基本理论

64. 离子交换的作用机理是什么？

要去除水中离子类杂质，水处理用得最普遍的方法是离子交换。某些物质遇到溶液时，可以将其本身所具有的离子和溶液中同符号离子发生相互交换，我们将这种现象称为离子交换。

离子交换树脂可看作是具有胶体型结构的物质，即在离子交换树脂的高分子表面上有许多和胶体表面相似的双电层，我们把它和内层离子符号相同的离子称作同离子，符号相反的称反离子。所以当离子交换剂遇到含有电解质的水溶液时，电解质对其双电层有两方面的作用。

交换作用：扩散层中反离子在溶液中的活动较自由，离子交换作用主要在此种反离子和溶液中其他反离子之间，因动平衡的关系，溶液中的反离子会先交换至扩散层，然后再与固定层中的反离子互换位置。

压缩作用：当溶液中盐类浓度增大时，可使扩散层压缩，从而使扩散层中部分反离子变成固定层中的反离子，使得扩散层的活动范围变小。这就说明了为什么当再生溶液的浓度太大时，不仅不能提高再生效果，有时反使效果降低。

65. 离子交换树脂有哪些物理及化学性能？

离子交换树脂的物理性能是：

1）颜色：树脂是一种透明或半透明的物质，但其组成不同，颜色各异，如苯乙烯树脂呈黄色，也有呈黑色和赤褐色的，但与性能影响不大。一般情况下，原料杂质多或交联剂多，树脂的颜色稍深（但树脂在运行过程中，因为各种原因有时颜色也会变化）。树脂外形呈球状，要求圆球率达到90%以上。

2）粒度：树脂颗粒的大小将影响交换速度、压力损失、反洗效果等颗粒大小不能相差太大。用于水处理的离子交换树脂的颗粒以20～40目为宜。粒度的表示方法以有效粒径和不均匀系数来表示。

3）密度：密度关系到水处理工艺和树脂装填量。密度的表示方法有干真密度（一般1.6左右）、湿真密度（一般1.04～1.30）、湿视密度（一般0.6～0.8）。

4）含水率：树脂的含水率越大，表示孔隙率越大，交联度越小。

5）溶胀性：树脂浸水之后要溶胀，它与交联度、活性基团、交换容量、水中电解质密度、可交换离子的性质等有关。树脂在交换与再生过程中会发生胀缩现象，多次胀缩树脂易破裂。

6）耐磨性：反映树脂的机械强度。它应保证每年树脂耗量不超过7%。

7）溶解性：树脂内含有低聚合物要逐渐溶解，在树脂使用过程中也会发生胶溶。

8）耐热性：阳树脂耐温100℃左右，强碱性阴树脂可耐60℃，弱碱性阴树脂可耐温80℃。但在低于或等于0℃时，因结冰而破碎。

9）导电性：干树脂不导电，湿树脂可导电。形状，球形；粒度，不能过大也不能过小、密度、含水率，可以反映交联度和网眼中的空隙率、溶胀性、耐磨性、溶解性、耐热性、导电性。

化学性能包括：

1）可逆性：因离子交换树脂的可逆性使离子交换树脂可以

交换，也可以再生，可反复使用。

2）酸碱性：H^+型阳离子交换树脂和OH^-型阴离子交换树脂等的性能与电解质酸、碱相同，在水中能电离出H^+和OH^-的能力。

3）中和与水解：由于它具有电解质性质，能与酸、碱进行中和反应，也能进行水解。

4）选择性：离子交换树脂吸着各种离子的能力不一，具有选择性。

5）交换容量：表示其交换离子量的多少。根据树脂的形态可分全交换容量、工作交换容量、平衡交换容量等。

66. 离子交换树脂是如何进行分类的?

离子交换树脂的分类，一般按交换基团能解离的离子种类分为阳离子交换树脂和阴离子交换树脂。阳离子交换树脂。交换基团能解离的离子是阳离子的，叫做阳离子交换树脂。在使用时通常是游离酸型即RH型，而且各种RH解离出H^+能力的大小不同。所以，其中又分为强酸性阳离子交换树脂和弱酸性阳离子交换树脂。阴离子交换树脂。交换基团能解离的离子是阴离子的，叫做阴离子交换树脂。使用时通常是游离碱型即ROH型，而且各种ROH解离出OH^-能力的大小不同。所以，其中又分为强碱性阴离子交换树脂和弱碱性阴离子交换树脂。

此外，离子交换树脂按其孔隙结构上的差异，又有大孔型树脂和凝胶型（或微孔型）之分。目前生产一种孔隙直径为200～1000埃的树脂，称为大孔树脂；而把一般孔径在40埃以下的树脂，称为凝胶型树脂。

离子交换树脂由以下几个基本部分组成：单体，一种低分子有机物，在树脂的合成中被聚合成高分子化合物。它是离子交换树脂的主要成分，又称母体。交联剂，它是固定树脂形状，增强树脂机械强度的成分。交联剂在离子交换树脂内的百分含量，叫做交联度。交换基团，它是连接于单体之上，具有活性离子的基团。所谓活性离子即在水溶液中可产生离子交换反应的离子。

67. 化学除盐法的过程原理是什么?

化学除盐法就是将 RH 树脂和 ROH 树脂分别（或混合）放在两处（或一个）离子交换器内，用 RH 树脂除掉水中的金属离子，用 ROH 除掉水中的酸根，使水成为纯水。化学除盐法的过程原理主要有两个交换反应，一个是除盐反应，一个是再生反应。

除盐。当含盐水流过 RH 树脂层时，水中的金属离子与 RH 树脂中的 H^+ 发生交换反应。水中的 Na^+、Ca^{2+}、Mg^{2+}…等离子扩散到树脂的网孔内并留在其中，而网孔内的 H^+ 则扩散到水中。

再生。是根据离子交换反应的可逆性进行的。RH 树脂和 ROH 树脂，经过交换后，分别转变为 RNa、R_2Ca、R_2Mg…和 RC_1、R_2SO_4、$RHSiO_3$…等新型树脂。这些新型树脂不能再起除盐作用，这种现象叫做树脂的失效。使失效的树脂重新恢复成最初类型的树脂的过程，叫做再生。

68. 为什么要对新树脂进行处理？如何处理?

离子交换树脂的骨架是由单体聚合而成的，而新树脂中常含有少量没有聚合好的低聚合物和未参加聚合或缩合反应的单体。当树脂与水、酸、碱或其他溶液接触时，上述物质就会转入溶液中影响出水水质。除了这些有机物外，还可能含有铁、铜及铅等无机杂质。因此，在使用前应对新树脂进行处理以除去树脂中的可溶性杂质。具体的处理方法如下：

（1）用食盐处理：如果新树脂在运输或储存过程中没有脱水，可直接先用清水冲洗至排水无色、无硬度后再用酸、碱处理。如新树脂已干燥脱水，则不可将干树脂直接放入水中，以防树脂颗粒因急剧膨胀而破裂。应先将其放入约等于被处理树脂体积 2 倍的 10％的食盐水溶液中，浸泡 20h 以上，然后放尽食盐水，用清水漂净，使排出水不带黄色。如果有杂质及细碎树脂粉

末也应漂洗干净。

（2）用稀盐酸处理：用约等于被处理树脂体积2倍的2%～5%浓度的稀盐酸溶液浸泡4h以上，然后放尽酸液，用清水冲洗至中性。酸处理的目的是为了除去树脂中的无机杂质。

（3）用稀氢氧化钠溶液处理：用约等于被处理树脂体积2倍的4%浓度的稀氢氧化钠溶液浸泡4h以上，然后放尽碱液，用清水冲洗至中性。碱处理的目的是为了除去树脂中的有机物。

新树脂经上述处理后，稳定性会显著提高。经处理好的新树脂可经正常步骤进行再生。

69. 有哪种情况会导致离子交换树脂变质？

在离子交换水处理系统的运行过程中，各种离子交换树脂常常会渐渐改变其性能。一是树脂的本质改变了，即其化学结构受到破坏或发生机械损坏；二是受到外来杂质的污染。前一原因造成的树脂性能的改变是无法恢复的，而后一原因所造成的树脂性能的改变，则可以采取适当的措施，消除这些污物，从而使树脂性能复原或有所恢复。

1. 氧化

（1）阳树脂。

阳树脂在应用中变质的主要原因是由于水中有氧化剂。当温度高时，树脂受氧化剂的侵蚀更为严重。若水中有重金属离子，因其能起催化作用，只是树脂加速变质。阳树脂氧化后发生的现象为：颜色变浅，树脂体积变大，因此易碎，体积交换容量降低，但质量交换容量变化不大。树脂氧化后是不能恢复的。为了防止氧化，应控制阳床进水活性氯离子低于0.1mg/L。

（2）阴树脂。

阴树脂的化学稳定性比阳树脂要差，所以它对氧化剂和高温的抵抗力也更差。除盐系统中，阴离子交换器一般布置在阳离子交换器之后，一般只是溶于水中的氧对阴树脂起破坏作用。运行时提高水温会使树脂的氧化速度加快。

防止阴树脂氧化可采用真空除碳器，它在除去 CO_2 的同时，也除掉了氧气。

2. 树脂的破损

在运行中，如果树脂颗粒破损，会产生许多碎末，碎末的增多会加大树脂的阻力，引起水流不均匀，进一步使树脂破裂。破树脂在反洗时会冲走，使树脂的损耗率增大。

70. 离子交换树脂被污堵的情况有哪些?

离子交换树脂受水中杂质的污堵是影响其长期可靠运行的严重问题。污堵有许多原因，现分述如下：

（1）悬浮物污堵。原水中的悬浮物会堵塞在树脂层的孔隙中，从而增大起水流阻力，也会覆盖在树脂颗粒的表面，阻塞颗粒中微孔的通道，从而降低其工作交换容量。

防止污堵，主要是加强生水的预处理，以减少水中悬浮物的含量；为了清除树脂层中的悬浮物，还必须做好交换器的反洗工作，必要时，采用空气擦洗法。

（2）铁化合物的污染。在阳床中，易于发生离子性污染，这是因为阳树脂对 Fe^{3+} 的亲和力强，当它吸取了 Fe^{3+} 后不易再生，变成不可逆的交换。

在阴床中，易于发生胶态或悬浮态 $Fe(OH)_3$ 的污堵，因为再生阴树脂用的碱常含有铁的化合物，在阴床的工作条件下，他们形成了 $Fe(OH)_3$ 沉淀物。

铁化合物在树脂层中的积累，会降低其交换容量，也会污染出水水质。清除铁化合物的方法通常是用加有抑制剂的高浓度盐酸长时间与树脂接触，也可用柠檬酸、氨基三乙酸、EDTA 络合剂等处理。

（3）硅化合物污染。硅化合物污染发生在强碱性阴离子交换器中，其现象是树脂硅中含量增大，用碱液再生是这些硅不易脱下来，结果导致阴离子交换器的除硅效果下降。

发生这种污染的原因是再生不充分或树脂失效后没有及时

再生。

（4）油污堵。

如有油漏入交换器，会使树脂的交换容量迅速下降且水质变坏。一旦发生油污染，可发现树脂抱团，水流阻力加大，树脂的浮力增加，反洗时树脂的损失加大。可采用38%～40%的NaOH溶液进行清洗，或用适当的溶剂或表面活性剂清洗。

有机污染物是指离子交换树脂吸附有机物后，再生和清洗是不能将它们清除，以致树脂中的有机物量越积越多，工作交换量降低。被污染的树脂常常颜色发暗，原先透明的珠体变成不透明，并可以嗅到一种污染的气味。

防止有机物污染的基本措施是将进入除盐系统水中的有机物除去。具体措施可以采用抗有机物污染的树脂，加设弱碱性阴交换器，加设有机物清除器等。

71. 如何对污染的树脂进行复苏？

树脂受污染后，其交换容量下降，出水水质变坏。要使其性能恢复或有所改进，必须采取复苏的措施：

如果树脂的表面污染严重，可看出树脂的表面有沉积物时，则用空气擦洗法除去沉积物。一般用净化的压缩空气从离子交换器的底部进入，控制好一定的空气压力、气量和水量，使树脂和水在不溢出设备的前提下，强烈地搅拌擦洗，几分钟后停气用水反洗，以除去擦洗下来的污泥杂质，这样反复擦洗，直到反洗出水澄清为止。

对擦洗不掉的金属离子及其盐类，如铁、铝、钙、镁及氧化物等，可用盐酸进行酸洗，特别是阴树脂。酸洗可采用静泡、低流速循环或辅助空气擦洗等方法进行。

当树脂受到油脂、脂类及蛋白质等有机物质的污染时，可用非离子表面活性剂清洗。非离子表面活性剂是在水中不会产生游离态阳、阴离子的一种洗涤剂或清洗剂，它具有不在水中生成盐类、去污力强及抗硬水性强的特点。选用前应通过小型清洗试验决定其用量。清洗时，可将洗涤剂倒入交换器中，用压缩空气搅拌均匀，静泡或搅拌与静泡交替进行，最后再用反洗水清洗树脂至干净为止。

如果树脂主要被有机物所污染，常用的处理方法是碱性食盐水处理法。用两倍以上树脂体积的含一定浓度 NaCl 和 NaOH 的混合液，浸泡树脂 16～48h，然后用水冲洗到 pH 值为 7～8，再用盐酸处理，溶解除去留在树脂中的沉淀物。混合清洗液的具体浓度、浸泡时间、混合液温度等可通过小型试验来决定。

如阴树脂受胶体硅污染，在再生时可用提高再生液的浓度、温度及延长再生时间来除去。

当阴树脂既被有机物污染，又被铁离子及其氧化物污染时，则应先用酸除去铁离子及其氧化物后，再用混合液除去有机物。

超声波清洗被污染的阳、阴离子交换树脂，是利用高频率的超声波振动，使树脂中的各种污染物松动、受到破坏，进而转入水中除掉。

72. 树脂的使用对温度有何要求？

各种树脂均有一定的耐热性能，在使用中对温度要求都有一定的界限，过高或过低都会严重影响树脂的机械强度和交换容量。温度过低如小于或等于 0℃时，树脂易冻结，使机械强度降低，颗粒破碎，从而影响树脂的使用寿命、降低交换容量；温度过高，要引起树脂热分解，也影响树脂的交换容量和使用寿命。各种树脂的耐热性能应由鉴定试验来确定。但一般来说，阳树脂比阴树脂的耐热性能好。盐型树脂比 H 型或 OH 型好，而盐型又以 Na 型树脂耐热性能最好。一般的阳树脂可耐热 100～110℃阴树脂可耐 50～60℃（强碱性）。而弱碱阴树脂的耐热性能要比强碱性的好，一般可耐 80～90℃。因此，树脂在使用时，对于水温要有严格的控制。

如需长期储存树脂时，最好把树脂转变成盐型，并浸泡在水中。如储存过程中树脂脱了水，也应先用浓（如 10%）食盐水

浸泡，再逐渐稀释，以免树脂急剧膨胀而破碎。

树脂在储存处和运输过程中的温度不宜过高或过低，一般最高应不超过40℃；最低不得在0℃以下，以免冻裂。如冬季没有保温设备时，可将树脂储存在食盐水中，食盐水的浓度可根据具体气温条件而定。

第二节 离子交换除盐

73. 离子交换器的运行分为哪几个阶段？

在火力发电厂化学水处理过程中，离子交换器的运行分为四个阶段：交换除盐、反洗、再生和正洗。交换器从除盐→反洗→再生→正洗的全过程叫做一个运行周期。

交换除盐。在除盐运行阶段，被处理的水洗经过阳离子交换器，再进入阴离子交换器，除盐后的水送入除盐水箱。阳离子交换器内装入一定量的RH树脂，在阳离子交换器内水中的金属离子与RH树脂中的H^+交换，金属被交换在树脂上；阴离子交换器内装入一定量的ROH树脂，在阴离子交换器内，水中的酸根离子与ROH树脂中的OH交换，酸根离子被交换在树脂上。经过两种交换处理后的水，送入除盐水箱。交换器运行若干小时后，出水含盐量增加，水的导电度增大。当运行到出水导电度明显增大并达到一定值时，说明交换剂已经失效，不能生产出合格的水。

在生产中，为了便于用导电度表监视树脂是否已经失效，一般是让阳树脂先失效。树脂失效后，停止运行进行再生。

反洗。树脂再生前需要反洗。这是因为变换是在较大压力下进行的，树脂颗粒间压得很紧，这样在树脂层内会产生一些破碎的树脂；此外，在阳离子交换树脂层表面几厘米的厚度内还会积累一些水中悬浮物，这些破碎的树脂是悬浮物都不利于交换剂的再生。所以，反洗的目的就是用清水松动交换剂层，清除树脂层内的悬浮物、破碎树脂和气泡等。反洗水经底部反洗进水门进入交换器内，自下而上的流过树脂层，再进入上部漏斗由排水门排入地沟。反洗时，要求树脂层膨胀30%～40%，使树脂得到充分清洗。反洗一直进行到出水澄清为止。为了防止树脂被冲走，应先慢慢开大反洗进水门，然后慢慢开大排水门。使用的反洗水不应污染树脂。

再生。再生是一项重要的操作过程。再生开始前，打开空气门和排水门，放掉交换器内一部分水，使水位降到树脂层上10～20cm处，关闭排水门。将一定浓度的再生液送进交换器内，由再生装置将再生液均匀分布大整个树脂层上，并将交换器内的空气经空气管排出。当交换器内的空气排完再生液充满筒体后，关闭空气门，打开排水门，此时再生液流过树脂层，并与失效的阳离子（或阴离子）树脂发生离子交换反应，使失效树脂得到再生。再生过程中的废液从排水门排走。

正洗。待树脂中再生后的废液基本排完，树脂中仍有残留的再生剂和再生产物，必须把它们洗掉，交换器方能重新投入运行。正洗时，清水沿运行路线进入交换器，由排水门排入地沟。正洗开始时，排出的废液中仍有再生剂和再生产物，随着正洗的进行，出水中的再生剂和再生产物逐渐减少，同时除盐的交换反应也开始发生，当排出的水基本符合水质标准时，即可关闭排水门，结束正洗，投入运行或备用。

74. 树脂有哪些再生方式？有些什么特点？

树脂再生是离子交换水处理中很重要的一环。影响再生效果的因素很多，如再生方式，再生剂的种类、纯度、用量，再生液的浓度、流速、温度等。要取得好的再生效果，必须进行调整试验，确定最优的再生条件。

再生方式按再生液流向与运行时水流方向分为顺流、对流和分流三种。

顺流再生是指再生液流向与运行时水流方向一致的再生方式，通常是自上而下流动。再生方式采用顺流时，由于再生液首

先接触到的是上部完全失效的树脂，所以这一部分树脂得到了很好的再生。当再生液再往下流与交换器底部树脂接触时，再生液中已经积累了大量被置换出来的离子，严重影响了交换树脂的再生程度，使这部分树脂没有得到充分的再生，影响了出水水质。如果要提高这部分树脂的再生程度，就要增加再生剂的用量。

对流再生指再生液流向与运行时水流方向是相对的。习惯上将运行时水流向下流动，再生液向上流动的水处理工艺称逆流再生工艺。将运行时水向上流，床层浮动；再生时再生液向下流的水处理工艺称浮动床工艺。对流再生可使出水端树脂层再生度最高，出水水质好。再生方式采用逆流时，由于交换器底部树脂总是和新鲜的再生剂相接触，所以可以达到很高的再生程度，运行时水最后和这部分再生程度高的树脂接触，保证了出水水质。采用逆流再生时，交换器上部树脂再生程度差，虽然它首先与进水接触，但由于水中从树脂交换下来离子含量少，所以还是可以进行离子交换的，这部分树脂的交换容量仍可以得到充分的发挥。因此这种再生方式比较优越，使用得也比较广泛。

分流再生是指再生液自交换器的上端和下端同时进入，由树脂层中间的排水装置排出，运行时水自上而下流过床层。这种交换器上部床层采用顺流再生工艺，下部床层采用对流再生工艺。

75. 树脂再生剂的用量应当如何确定?

再生剂用量是影响再生的重要因素，其概念是单位体积树脂所用的再生剂的量，单位为 kg/m^3（树脂）或 g/L（树脂）。另外常用的一个指标是再生剂比耗，它是指投入的再生剂的量与所获得树脂的工作交换容量的比值。还有一种表示法即再生剂耗量，是预计取得单位工作交换容量所需纯再生剂量，单位为 g/mol。

从理论上讲 1mol 的再生剂应使交换树脂恢复 1mol 的交换容量，但实际上再生反应最多只能进行到离子交换化学反应的平衡状态，只用理论量的再生剂再生树脂，并不能完全恢复其交容量，所以用量必须超过理论量。

提高再生剂的用量，可以提高树脂的再生程度，但再生剂比耗增加到一定程度之后，再生程度的提高则不明显。再生剂用量与离子交换树脂的性质有关，一般强型树脂所需再生剂用量高于弱型树脂。不同的再生方式，再生剂用量也有所不同，一般顺流再生的再生剂用量要高于逆流再生的。

76. 为什么说逆流再生床比顺流再生床的效果更好?

由于逆流再生床失效后，不是每次进行大反洗，平时再生时只进行小反洗，即对中排装置上的压脂层进行反洗，而对于中排装置以下的绝大部分树脂不进行反洗，所以床内树脂层态没有被打乱，这一层态分布满足了逐层排代的有利再生条件，即再生剂首先再生亲和力小的离子，再由这些亲和力小的离子置换亲和力大的离子，所以再生效率高。

逆流再生工艺失效后的层态分布有利于再生平衡，再生液首先接触失效度最低的保护层，而且再生液最新鲜，所以能充分再生这一层，保证了保护层的再生度最高，从而保证了出水水质。当再生液进入失效度最深的上部时，虽然再生液浓度最小，但其中含有下部再生下来的钠离子，可置换钙、镁离子，竞争离子的影响比顺流的要小，且此时失效度最深，仍然有利于平衡向再生方向移动。

逆流再生床在再生过程中，其残余交换力总是接触新鲜的再生液，所以其对再生效果影响不大。由于运行周期太长时，压脂层就要截留一部分杂质及污物，夹杂在树脂间隔，影响树脂的交换和再生效果。同时由于较长时间树脂未反洗，极易出现结块等不良现象，增加了阻力，影响出水流量，所以应定期进行大反洗。

77. 在运行时，对逆流再生的操作工艺中需注意什么?

为了使逆流再生达到较好的效果，故在逆流再生的操作工艺中需注意以下几个问题：

压脂层的厚度要符合要求。防止有气泡混入交换剂层中。

为使底部树脂的再生程度高，不致被杂质污染而影响出水水质，故在逆流再生后，应用水质较好的水逆流冲洗，如用经过H^+交换的水来逆流冲洗阴离子交换器。

中部排水装置应进行必要的加固，以防止其上的管子断裂或弯曲。此外，为了防止在反冲洗的过程中产生过大的应力，在大反洗时的流量应由小到大，以逐渐排除交换器中的空气和疏松树脂层。进入交换器水中的悬浮物含量要小，以免压脂层中积聚污物，造成过大的压降。

逆流再生所用的再生剂质量要好，否则，仍不能保证出水水质良好。逆流再生的再生废液中剩余的再生剂量较少，故不宜再利用。

78. 除盐系统有哪些常用的运行指标？

除盐系统运行中不仅应控制好出水水质，保证出水量，应降低各种消耗，如水耗、药耗、电耗等。下面介绍几个常用的运行指标。

（1）水质指标。一级除盐系统出水：硬度≈0μmol/L，二氧化硅≤100μg/L，电导率≤5μS/cm。

（2）运行周期。运行周期为除盐系统或单台设备从再生好投入运行后到失效为止所经过的时间。其指标应根据实际情况制定。

（3）周期制水量。周期制水量为除盐系统或单台设备在一个运行周期内所制出的合格水的数量，它可根据流量表累积计算。

（4）自用水率。自用水率为离子交换器每周期中反洗、再生、置换、清洗过程中耗用水量的总和与其周期制水量的比。

（5）再生时的酸、碱耗。离子交换系统运行中费用最大的一项是再生剂酸和碱的消耗。原水中含盐量越多，这种费用也就越大。因此，如何降低再生时所用再生剂的比耗，是提高离子交换除盐经济性的主要措施。

79. 如何对树脂进行鉴别?

在实际工作中，往往需要判别树脂的种类，现介绍一种简单的鉴别方法如下：

（1）区分阳树脂和阴树脂。

1）取树脂样品 2mL，置于 30mL 的试管中，用吸管吸去树脂层上部的水。

2）加入 1mol/LHCl 5mL，摇动 1～2min，将上部清液吸去，这样重复操作2～3次。

3）加入纯水清洗，摇动后，将上部清液吸去，重复操作2～3次，以除去过剩的 HCl。

经上述操作后，阳树脂转变为 H 型，阴树脂转变为 Cl 型。

4）加入已酸化的 10%$CuSO_4$（其中含 1%H_2SO_4）5mL，摇动 1min，放置 5min。如树脂呈浅绿色，即为阳树脂，如树脂不变色则为阴树脂。

H 型强酸性阳树脂与 Cu^{2+} 交换转变成 Cu 型树脂而呈浅绿色。H 型弱酸性阳树脂由于羧基和 Cu^{2+} 能形成牢固的共价键，即使在酸性溶液中也能转变为 Cu 型树脂，所以也呈浅绿色。强碱性阴树脂与 Cu^{2+} 无作用，因此不变色，弱碱性阴树脂可以和 Cu^{2+} 结合，也呈浅绿色，但在酸性溶液中不能和 Cu^{2+} 结合，将 $CuSO_4$ 溶液酸化，就是为了防止弱碱性阴树脂与 Cu^{2+} 结合，干扰对阳树脂的鉴别。

由于弱酸性阳树脂的交换速度较慢，因此加 $CuSO_4$ 后，需放置一些时间，再进行观察。

（2）区分强酸性阳树脂和弱酸性阳树脂。

经第一步处理后的树脂如显浅绿色，则用纯水充分清洗后，加 5mol/L $NH_3 \cdot H_2O$ 溶液 2mL，摇动 1min，再用纯水充分清洗。如树脂转为深蓝色，则为强酸性阳树脂；如树脂颜色不变，则为弱酸性阳树脂。

在认定转为深蓝色的树脂为强酸性树脂，是因为加 $NH_3 \cdot H_2O$ 后，强酸性阳树脂颗粒中的 Cu^{2+} 成为铜氨络离子

[$Cu(NH_3)_4{}^{2+}$]，并仍被强酸性阳树脂吸着，因而使树脂呈深蓝色[$Cu(NH_3)_4{}^{2+}$为深蓝色]。弱酸性阳树脂中的Cu^{2+}不转成[$Cu(NH_3)_4{}^{2+}$]，所以树脂仍为浅绿色。

（3）区分强碱性阴树脂和弱碱性阴树脂。

经第一步处理后，不变后的树脂即为阴树脂，再进行如下操作：

1）加入1mol/LNaOH5mL，摇动1min后，用倾泻法充分清洗。加入NaOH是使阴树脂转成OH型，并清洗除去过剩的NaOH。

2）加入酚酞5滴，摇动1min，用纯水充分清洗，如树脂呈红色，则为强碱性阴树脂，这是由于OH型强碱性阴树脂能电离子OH^-，充填在树脂颗粒的网孔中，因而呈强碱性，当酚酞渗入网孔中时，遇碱即显红色。弱碱性树脂由于电离的OH^-少，碱性弱，所以酚酞渗入网孔时不变色。

（4）确定弱碱性树脂。

加入酚酞后，树脂不变色，应为弱碱性阴树脂，为了进一步加以肯定，操作如下：

1）加入1mol/LHCl 5mL，摇动1min，然后用纯水清洗2～3次。加HCl是使阴树脂转变为Cl型，并洗去过剩的HCl。

2）加入5滴甲基红（或甲基橙），摇动1min，并用纯水充分清洗，如树脂呈桃红色，则可确定为弱碱性阴树脂，如树脂不变色，则表示无离子交换能力，这是由于Cl型弱碱性阴树脂有水解作用。

水解后，RCl树脂网孔中的水呈酸性，因此当甲基红渗入树脂颗粒网孔中后即显桃红色（甲基橙在酸性溶液中显桃红色）。

必须注意，上述操作是连续性的，不能只取其中一步就确定是某种树脂。例如，不能只做第四步就确定它是弱碱性阴树脂，因为H型的强酸或弱酸树脂，其网孔中的水都呈酸性，因此加甲基红都呈桃红色。

80. 降低酸、碱耗有哪些积极措施?

运行中酸、碱耗的大小，与原水中盐的种类和数量、再生工艺。设备形式和树脂性能等因素有关。目前，在降低酸、碱耗方面主要采取以下几种措施：

逆流再生。逆流再生是再生液的流向运行时水的流向相反。这种再生方式，能使保护层树脂（指运行时水流量后经过的那一部分树脂）再生彻底，再生液也得到了充分利用。这样可以降低酸和碱的消耗量，提高出水水质。

逆流设备在运行时，被处理的水最后与再生彻底的保护层接触，有利于提高出水水质。另外，水在进入交换器时，首先接触的是再生程度较差的树脂，由于水中 H^+、OH（或软化处理时的 Na^+）浓度小，反应按除盐（或软化）方向进行，这就使再生程度较差的树脂也能充分发挥作用。

目前，我国使用的逆流离子交换器有：逆流再生固定床和浮动床等。

逆流再生固定床在运行时，待处理的水由交换器上部进入，经过树脂层后由下部流出。树脂再生时，再生液由交换器下部进入，经过树脂导的再生废液，由上部排出。

浮动床在运行时，要处理的水由交换器底部进入，利用水流的动能使树脂以密实状态向上托起称为成床，水流过床层由顶部排出。树脂再生时，树脂层下落，称为落床。落床后再生液由交换器上部进入，经过树脂层的再生废液由底部排出。

第三节　离子交换水处理

81. 电厂化学水处理流程是什么？对进水水质有些什么要求?

电厂化学水处理流程如图 3-1 所示。

对于离子交换器而言，对于进水水质的指标有以下要求：

（1）悬浮物：对于顺流再生设备要求进水悬浮物小于 5mg/L;

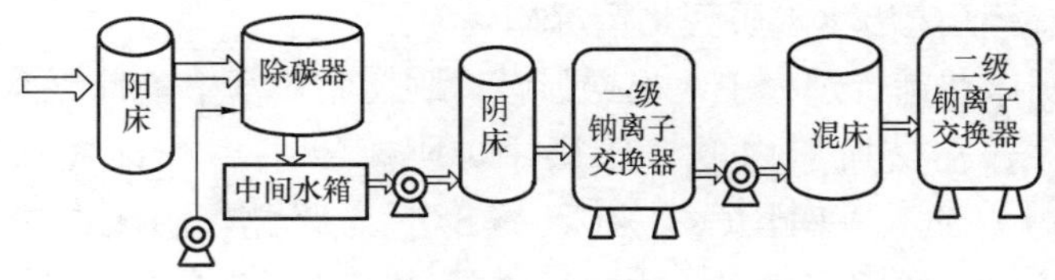

图 3-1　电厂化学水处理流程图

对逆流再生设备（包括逆流再生固定床和浮动床）要求进水悬浮物小于 2mg/L。

（2）残余活性氯：为防止造成阳床树脂的损坏，要求[Cl_2]小于 0.1mg/L。

（3）耗氧量：为防止有机物对凝胶型强碱性阴树脂的污染，要求耗氧量小于 2mg/L（高锰酸钾法）。

（4）含铁量：为防止离子交换树脂的铁污染一级除盐系统进水的含铁量，要求在 0.3mg/L 以下，混床进水的含铁量要求在 0.1mg/L 以下。

82. 阳床出水水质变化情况如何？

阳床在运行过程中，根据强酸性阳树脂对水中各种阳离子的选择顺序，在交换器内的树脂层中，阳床出水离子排代顺序是：$H^+ \rightarrow Na^+ \rightarrow Mg^{2+} \rightarrow Ca^{2+} \rightarrow Fe^{3+}$。因此再生后冲洗阶段由于树脂层中残留的再生液和再生产物被洗去，所以出水的酸度、硬度和含钠量迅速地下降，直至出水水质合乎使用指标时才可以投入运行。

阴床在运行阶段水质保持稳定，如：出水硬度几乎等于零，酸度稳定在一定值，Na^+含量也很小（一般小于 0.5mg/L）。

最后的失效阶段，首先是出水含 Na^+ 量增加，同时，相应的酸度降低，运行即将停止。监督阳床失效点通常是用专门仪表——阳床终点计，也可以用测定出水的含钠量进行监督。在无条件情况下也可用测定酸度的方法，但因为这种方法灵敏度低，且易受原水水质变化的影响。

83. 阴床出水水质变化情况如何?

阴床在运行过程中，根据强碱性阴树脂对水中各种阴离子选择顺序，在交换器内的树脂层中，阴床出水离子排代顺序是 $OH^- \rightarrow HSiO_3^- \rightarrow HCO_3^- \rightarrow Cl^- \rightarrow SO_4^{2-}$。因此，阴床在再生后清洗阶段，与阳床相同，主要清洗掉残留的再生液和再生产物，出水水质逐渐接近运行指标。

当正常运行时，出水水质是比较稳定的。一般是电导率$<5\mu s/cm$；$[SiO_2]<0.1mg/L$。当阴床失效时，由于有酸漏出pH值下降；与此同时出水SiO_2含量增加，电导率有一个瞬间略微下降，而后又上升的情况，其原因正和用电导法滴定酸碱中和反应相同，即水中H^+和OH^-要比其他离子易导电，所以当出水中这两种离子的总含量很小时，有一电导率最低点，在这之前，由于OH^-含量较大而电导率大，之后由于H^+量多而电导率大。在一级复床除盐系统中，如果阴床失效，则该系统出水为酸性；反之，阳床先失效而阴床未失效，则出水为碱性。

阴床的失效终点，一般是用测定阴床出水的电导率或SiO_2含量来监督。

84. 阳床为什么要设置在除盐系统的前边?

(1) 阳床在交换过程中，水中的阳离子被H^+所代替，H^+浓度增大。在离子交换平衡过程中，使反离子干扰作用加强，由于强型阳树脂的交换容量大（几乎是强阴树脂的3倍)，抗反离子干扰能力强，所以放在前边。

(2) 如果阴床在前边，离子交换过程中，有可能生成$CaCO_3$、$Mg(OH)_2$和$Fe(OH)_3$等沉淀，附着在树脂的表面上，使其遭受污染。

(3) 强型阳树脂的抗污染能力，耐热性能、机械强度等均要比阴脂好。

(4) 给强碱性阴床除硅创造条件。

85. 阴床为什么要设置在阳床之后?

(1) 为了使进入阴床的水呈酸性，这样可使阴树脂交换出来的 OH^- 能立即被入口水中的 H^+ 中和成 H_2O，极大减小了反离子的干扰作用，使阴离子交换反应能够较彻底地进行。

(2) 对除去水中的碳酸、硅酸等弱酸十分有利。

(3) 强型阴离子交换树脂的抗污染能力差，如将阴床设在阳床之前，则在阴床内就会生成大量的 $Ca(OH)_2\downarrow$、$Mg(OH)_2\downarrow$、和 $Fe(OH)_3\downarrow$ 等沉淀物质，对阴树脂势必要产生极大的污染，同时，这些沉淀物质是不允许进入阳床的。

86. 为什么阳床失效会使阴床碱度升高? 出水含硅量增大?

因为阳床失效后，首先漏 Na^+，而阴床运行时则被交换下来的 OH^- 会与阳床所漏的 Na^+ 生成 NaOH，所以，阴床出水碱度会迅速升高。反应式如下:

$$NaCl+2ROH \longrightarrow R_2Cl_2+2NaOH$$

$$Na_2SO_4+2ROH \longrightarrow R_2SO_4+2NaOH$$

NaOH 中的 OH^- 为运行中的阴床交换的反离子，它阻碍了阴离子交换树脂对硅的吸附。从阴树脂的吸附能力可知 ROH 吸着 OH^- 的能力远大于 $RHSiO_3$，所以，NaOH 的生成抑制了反应式向右进行，因此，上式反应几乎是不能发生的、故阳床失效漏 Na^+，定会造成阴床出水含硅量增大。

87. 说明阴床胶体硅析出的主要原因及防止措施是什么?

在一级除盐系统中的阴床受胶体二氧化硅污染，导致出水含硅增加的故障主要原因是：在弱碱树脂利用强碱树脂再生废液再生时发生的，已用过的再生废液中的有效成分已不多，所含有硅酸盐量甚高，此种再生液进到弱碱阴树脂层中，弱碱阴树脂吸着了 OH^-，使再生液 pH 值下降，此时硅酸盐即聚合生成胶体二氧化硅的速度最快，导致树脂层内积聚大量硅胶体，使再生后的清洗产生困难，运行时又逐渐释放，增加强碱阴树脂负担，造成硅泄漏量增加。

为防止胶体硅析出，①应在利用强碱树脂再生用过的废碱液时，可先排去1/4～1/3的含硅量多的碱液（至强阴床排液显酚酞碱度，约需15～20min），然后再引入弱碱树脂层进行再生，这样可减少或避免弱碱树脂受硅的污染；②可先用1%浓度的NaOH以较快的流速再生，这时，置换出来的硅酸量不多，但能使弱酸性阴树脂得到初步再生，并使树脂呈碱性，然后再用2%～4%NaOH以较低的流速再生，这样可避免因pH值降低而析出胶体硅酸。

88. 混合离子交换器的工作原理是什么？

经一级离子交换除盐系统处理过的水质虽已较好，但仍不能满足亚临界高参数机组对补给水水质的要求。为了得到更好的能满足机组正常运行所需的合格水质，现用一种能在同一交换其中完成许多级阴、阳离子交换过程以制出更纯水的装置，这就是混床除盐装置。

混合离子交换器是把H型阳树脂和OH型阴树脂置于同一台交换器中混合均匀的交换器，可以被看做是由许多H型交换器和OH型交换器交错排列的多级式复床。

在混合离子交换器中，由于阴、阳树脂是相互混匀的，水的阳离子交换和阴离子交换是多次交错进行的，则经H离子交换所生产的H^+和经OH离子交换所生产的OH^-能及时地反应生成电离度很小的H_2O，基本消除了逆反应的影响，这就使交换反应进行得十分彻底，因而出水水质很好。

89. 混床的工作特点有哪些？

混床再生后开始制水时，出水电导率下降很快。这是由于残留在树脂中的再生剂和再生产物立即被混合后的树脂交换的关系。进入的含盐量和树脂的再生程度对出水电导率的影响一般不大，而与交换器的工作周期有关。

由于混床运行方式的特殊性，混床和复床相比有下列特点：

（1）出水水质优良。制得除盐水电导率$<0.2\mu S/cm$，SiO_2

<20μg/L。

（2）出水水质稳定。在工作条件有变化时，对其出水水质影响不大。

（3）间断运行对出水水质影响较小。无论是混床还是复床，当停止工作后再投入运行时，开始出水的水质都会下降，要经短时间运行后才恢复正常。这可能是由于离子交换设备本身及管道材料对水质污染的结果。恢复正常所需的时间，混床比复床短。

（4）混床的运行流速应经调试确定。若过慢，会携带树脂内杂质而使水质下降；若过快，水与树脂接触时间短，离子来不及交换，从而影响出水水质。

（5）交换终点明显。混床在交换的末期，出水电导率上升很快，有利于监督，而且有利于实现自动控制。

（6）混床设备比复床少，布置集中。

90. 混床有哪些运行注意事项？

混床出水一般很稳定，工作条件变化时，对其出水水质影响不大。进水的含盐量和树脂的再生程度对出水电导率的影响一般不大，而与混床的工作周期有关。对于净化一级除盐水的混床，树脂用量有较大的富余度，其工作周期一般在15天以上。

对混床的流速应适当地选择，过慢会携带树脂内的杂质而使水质下降；过快水与树脂接触时间短，离子来不及交换而影响水质。因此运行流速一般在40～60m/h之间。

系统间断运行对混床出水水质影响也较小，无论是混床或是复床，当交换器停止工作后再投入运行时，开始出水的水质都会下降，要经短时间运行后才能恢复正常，混床恢复正常所需的时间要比复床的短。

混床运行失效时，终点比较明显。由混床出水特性可以看出，混床在交换末期，出水导电率上升很快，这有利于实现自动控制。

但混床也存在着不少缺点：再生操作复杂，再生时间长，树脂耗损率大，树脂的再生度较低，树脂交换容量的利用率低。

91. 混床为什么设置在一级复床之后?

(1) 这是根据水质而定的，因为一般原水成分较复杂，各种杂质甚多，如果混床设置在一级复床之前，混床则易污染严重，导致周期缩短，由于混床的操作比较复杂，所以，一般情况下，混床不能放在阴床之前，但对于水质很好的（如汽轮机凝结水），可以不用阴、阳床，而单独使用一个混床即可。

(2) 设置在阴床之后，目的是为了进一步提高制水纯度。

(3) 如果阴、阳床失效而监督不及时，容易发生出水水质恶化事故，混床设置对出水水质可以起到保护作用。

92. 除碳器为什么设置在阳、阴床之间?

(1) 阳床出水中会含有大量的 CO_2，经除碳器除去 CO_2 即是除去了 HCO_3^-，可以减轻阴床负担。

(2) HCO_3^- 的去除，极大地有利于阴床除 $HSiO_3^-$，因为，如有大量 HCO_3^- 与 $HSiO_3^-$ 共存，会严重影响 $HSiO_3^-$ 的吸附。

(3) 可以降低阴床碱耗，提高水质。

93. 除碳器的运行流程是什么样的?

除碳器的圆柱体可用金属、塑料或木料制成。如果用金属制造，圆柱体的内表面应采取适当防腐措施。柱体内一般装在瓷环，瓷环的作用是使水与空气能充分接触。

除碳器运行时，水从圆柱体上部进入，经配水管和瓷环填料后，从下部流入储水箱。空气则由鼓风机从柱体底部送入，经瓷环并与水充分接触，然后由上部排出。由于空气中 CO_2 含量很少，它的压力只占大气压力的 0.03%左右。所以当空气鼓进柱体并与水接触时，水里的 CO_2 就会扩散到空气中去，当水从上往下流动遇到从下向上的空气时，水中绝大部分 CO_2 即随空气带走。水越往下流其中 CO_2 越少，当水流到柱体底部时，残余的 CO_2 一般只有 5～10mg/L。

94. 除碳器除碳效果的好坏对除盐水质有何影响？

原水中一般都含有大量的碳酸盐，经阳离子交换器后，水的pH值一般都小于4.5，碳酸可全部分解CO_2，CO_2经除碳器可基本除尽，这就减少了进入阴离子交换器的阴离子总量，从而减轻了阴离子交换器的负担，使阴离子交换树脂的交换容量得以充分利用，延长了阴离子交换器的运行周期，降低了碱耗；同时，由于CO_2被除尽，阴离子交换树脂能较彻底地除去硅酸。因为当CO_2及$HSiO_3^-$同时存在水中时，在离子交换过程中，CO_2与H_2O反应，能生成HCO_3^-，HCO_3^-比$HSiO_3^-$易于被阴离子交换数值吸附，妨碍了硅的交换，除碳效果不好，水中残留的CO_2越多，生成的HCO_3^-量就多，不但影响阴离子交换器除硅效果，也可使除盐水含硅量和含盐量增加。

95. 为什么除盐系统必须装有除碳器？

因为经阳床处理后的水，其pH值一般都小于4.5，所以，水中的H_2CO_3几乎全部转换成CO_2，在水中以游离态存在。在除盐系统中，CO_2对离子交换具有如下影响：

（1）影响阴离子交换器除硅。因为强碱阴离子交换树脂对HCO_3^-的吸着能力大于$HSiO_3^-$。所以，$HSiO_3^-$都集中在下层的树脂中，容易被水流带走，影响除硅。

（2）增加阴床负担，浪费再生剂，缩短阴床运行周期。因为CO_2不除去，在阴床中HCO_3^-与阴树脂中的OH^-进行等物质的量交换。

综上所述，除盐系统中在阴床前装有除碳器是十分必要的，它不仅可提高阴床出水水质，而且可降低阴床碱耗。

96. 影响除碳器效率的主要因素有哪些？

（1）pH值：当温度一定时（25℃），水中各种碳酸化合物（CO_2、HCO_3^-、CO_3^{2-}）在一定的pH值下，它们的相对含量是一定的。如pH≤4.3时，水中只有CO_2；pH＞8.3时，水中没有CO_2，因此酸性水除CO_2效果最好。

（2）温度：温度越高，CO_2在水中的溶解度越小，因此，除气的效果也越好。

（3）设备结构：结构不同，除气的效果也不同。在鼓风除碳器中，水和空气接触面积越大，接触时间越长，则效果越好。

（4）鼓风量：在进水量一定时，鼓风量越大（根据设计要求一般为15～30m^3/m^3，每处理1m^3水所需的空气量）除碳效果越好，反之则差。

97. 除碳风机发生振动或有异常杂音是什么原因？如何处理？

除碳风机发生振动或有异常杂音的原因及处理方法见表3-1。

表3-1　除碳风机发生振动或有异常杂音的原因及处理方法

原　因	处理方法
风机叶片不均匀的遭到磨损或腐蚀，造成转子的不平衡，不平衡又加剧磨损，最后产生振动并增加噪音强度	立即停止故障风机运行，通知检修人员处理故障缺陷
风机与电机连接不同心，由此产生径向跳动和轴向串动	
风机叶轮和轮毂铆接松动	
地脚螺丝松动	拧紧地脚螺丝即可
使用中风机进水或空气中的其他固体颗粒	首先排除风机内的水或固体颗粒，然后应采取适当措施，杜绝进水，防止空气杂质吸入
轴承润滑油有杂质或供油量不足	更换油质，并清洗轴承

98. 除盐系统典型故障的消除方法是什么？

除盐设备运行中发生的故障是多方面的，原因也比较复杂，有设备缺陷方面的，树脂不良方面的，还有操作失误方面的。因此要求运行人员在熟悉除盐原理、设备结构、系统连接和操作要点的基础上，对故障进行认真分析，找出原因，及时消除。表3-2列出一些典型故障及其原因和消除故障的方法。

表 3-2　　除盐系统典型故障及处理方法

现　象	原　因	处　理
1. 阳床、阴床再生后出水不合格	(1) 再生过程中顶压压力不足或不稳定，造成树脂乱层； (2) 再生液浓度低或剂量不足。再生剂质量差； (3) 中排装置损坏造成偏流； (4) 反洗不彻底，树脂表面有污泥； (5) 树脂老化或被污染	(1) 重新再生； (2) 提高浓度，增加剂量，检查再生剂质量后重新再生； (3) 进行检修； (4) 加大反洗流量，重新再生； (5) 复苏或更换树脂
2. 阳床运行出水硬度、含钠量不合格	(1) 阳床进水水质变化； (2) 反洗进水门不严； (3) 进酸门不严	(1) 查明变化原因，进行处理； (2) 关严反洗进水门或停运检修； (3) 关严进酸门
3. 阴床运行出水电导率、二氧化硅不合格	(1) 阳床出水漏钠进入阴床； (2) 反洗进水门不严； (3) 进碱门不严	(1) 再生阳床； (2) 关严反洗进水门或停运检修； (3) 关严进碱门
4. 阳床、阴床周期制水量降低	(1) 清水水质发生变化； (2) 进、出水装置损坏，发生偏流； (3) 再生效果不好； (4) 树脂交换容量下降； (5) 树脂层降低、压实层结块； (6) 双层床树脂反洗分层不好； (7) 除碳器效率低，中间水 CO_2 含量增加	(1) 了解水源水质，适当增大再生剂量； (2) 停运检修； (3) 查找原因，调整再生工艺； (4) 复苏或更换新树脂； (5) 补充或更换新树脂，进行大反洗； (6) 重新反洗、再生，必要时更换树脂； (7) 检修除碳器和风机

续表

现　象	原　因	处　理
5. 阳床、阴床跑树脂	(1) 运行中跑树脂原因为出水装置水帽破裂，缝隙太大或没有拧紧； (2) 反洗时跑树脂原因为反洗强度太大； (3) 再生时跑树脂原因为中排装置损坏或涤纶网套松口、脱落	(1) 停运检修； (2) 减小反洗强度； (3) 停运检修

99. 酸碱的安全技术措施有哪些?

离子交换除盐系统的再生剂是酸和碱。用酸和碱进行除盐再生时，必须有一套用来储存、输送、计量和投加酸、碱的再生系统。酸和碱对设备和人身有侵蚀性，因此必须采取妥善的防腐措施并在运行中注意防止灼伤。

酸、碱通常用密闭卧式储存槽储存。酸、碱储存槽的壳体用碳钢制作，整体内壁防腐采用钢衬胶。由于酸槽储存的是挥发性极强的浓盐酸，需设置酸雾吸收器来吸收酸储存槽里的酸雾。酸雾对设备、建筑物能产生严重腐蚀，并危害人体健康。酸雾吸收器就是将酸储存槽和酸计量箱的排气引入，通过水喷淋填料后加以吸收，达到防止环境污染的目的。

在此系统中，罐车中的酸（碱）液依靠通过卸酸（碱）泵将酸（碱）液送至布置于高位的酸（碱）储存槽中，储存槽中的酸（碱）依靠重力自动流入酸（碱）计量箱。其转移过程中，要做好防范措施，防止酸、碱泄漏对人身及设备造成危害。

第四节　离子除盐运行技术

100. 离子交换器运行时出水中有树脂是什么原因？如何处理？

表 3-3 离子交换器运行时出水中有树脂的原因及处理方法

原因	处理方法
顺流床，逆流再生固定床、双层床运行时、出水中有树脂，均属下部排水装置损坏所致。如下部排水装置为排水帽，则排水帽有损坏；如下部排水装置为弧形孔板加石英砂垫层结构，则是石英砂层被穿孔或乱层所致	树脂全部倒出体外，检修排水装置，如是石英砂乱层或穿孔，应将其全部倒出，分筛按规格标准重新装入
运行浮动床出水中有树脂是由于床上部排水装置和树脂捕捉器的尼龙网损坏或排水装置损坏或是排水管法兰处松动	对于浮动床来说，将树脂倒出一部分，一般为上人孔不溢流即可，然后，再换尼龙网，检修排水装置，清除树脂捕捉器内的树脂，同时更换捕捉器尼龙网，拧紧法兰

101. 离子交换器反洗或再生废液中有树脂是什么原因？如何处理？

表 3-4 离子交换器反洗或再生废液中有树脂的原因及处理方法

原因	处理方法
顺流床：反冼强度太大或排水装置损坏或排水管法兰松动	适当降低反洗强度，检修排水装置
逆流床：中间排水装置断裂或包扎的尼龙网损坏或排水管法兰松动	检修中间排水装置，更换尼龙网
双层床：上部排水（或排废再生液）装置断裂或是包扎的尼龙网损坏	检修上部排水装置，更换尼龙网
运行浮床：下部排水装置损坏所致，如下部装置为支管排水帽，则是排水帽损坏；如是弧形孔板式结构，则是石英砂垫层被穿孔或是乱层	将树脂全部输出，检修配水装置。如是石英砂乱层或穿孔应将石英砂全部倒出进行重新分筛，按规格规定标准重新装入

102. 钠离子交换器出口水［Cl^-］突然增大的原因是什么？如何处理？

表 3-5 钠离子交换器出口水［Cl^-］突然增大的原因及处理方法

原　因	处理方法
运行的软化器进盐门没关严或关不严	将运行床的进盐门关严，如关不严联系检修
失效床出口门没关，再生时盐水流入系统	关闭失效床的出口门
正洗水质未达到标准就投入运行	继续正洗，直到水质合格为止
操作有误，软化时开启盐水阀门或盐水阀门未关闭。或还原时开启出水阀门	查清误操作点，立即纠正，加强思想教育，提高技术水平

注　根据软水［Cl^-］超标的多少，可以考虑采取排水或其他补救措施。

103. 钠离子交换器出口水质硬度突然增大的原因是什么？如何处理？

表 3-6 钠离子交换器出口水质硬度突然增大的原因及处理方法

原　因	处理方法
与软化器出口管相连接的水门不严（指运行床而言）	查运行软化器出口门相连接的各门并将其关严
软化器再生时，软水出口门不严	关严再生床的软化器出口门
运行的软化器盐门不严	关严运行状态的软化器盐门
化验水质所用的标准溶液有误	更换所用的标准溶液
误操作，如再生床误将出水门当排水门打开，失效或再生床当运行床调节水量	查出误操作的故障点，立即纠正
失效床软化出口门忘关或没关严，当该床再生时，造成水质恶化	立即将该再生床的软化门关严
备用床投入运行时，未放水化验，就并入系统	立即将软化门关严，开放水门并化验水质合格后，再投运

注　上表中的处理方法是指送出水管水质硬度不很大情况的处理，如水箱水质严重超标，则应考虑处理水箱水质问题。

104. 钠离子交换器正洗中水质始终不合格是什么原因？如何处理？

表 3-7 钠离子交换器正洗中水质不合格的原因及处理方法

原因	处理方法
盐门泄漏或关不严	停运此床，检修盐门
与该床正洗出口门相连接的其他门没关严	关严与正洗门相连接的各阀门
盐液浓度过低或再生用盐量不足	应调整再生条件，按规程操作
不按规程操作，再生效果不好	
床内装置有损失，造成正洗时，产生偏流现象	设备停运，进行修复
树脂流失，高度不够	设备停运，添充树脂

105. 阳床出水口水质酸度突然增大或降低的原因是什么？如何处理？

表 3-8 阳床出水口水质酸度突然变化的原因及处理方法

原因	处理方法
有再生操作时，运行的阳床酸门不严，或与运行床出口门相连接的其他阀门不严，酸门和排放门不严使出口酸度增大；反洗水门不严则使出口酸度降低	如酸度增大，关严各运行床的酸门，酸度低，关严连接运行床出口门的各阀门
阴床投运前没放水，造成出水酸度增大	此床立即停止运行，继续洗或放水，直至水质合格
运行床深度失效，没及时停运，使出水酸度降低	停止运行，立即投入备用床
误操作，如再生床出口门没关或未关严，使出口酸度增大，阳床投运时，误将反洗入口门当运行入口门打开，使酸度降低	迅速查出误操作点，立即纠正

注 根据中间水箱水质情况，如严重超标，应立即对水箱进行处理，系统有直通门，可不经除碳器运行，待水箱水排掉后，再恢复除碳器使用，或采取其他换水措施。

106. 阳床正洗时出水硬度难以降低的原因是什么？如何处理？

表 3-9 阳床正洗时出水硬度难以降低的原因及处理方法

原因	处理方法
再生剂用酸量不够或酸浓度过低	停止运行，重新再生，适当提高酸量和酸的浓度
床内有塞孔或出现乱层或再生时出现偏流现象等（指用生水进行正洗）	适当进行反洗，以便排除塞孔，重新再生。如果床内装置没问题，而产生偏流，应适当调整再生和正洗时的流速，消除偏流现象。如果是床内装置损坏而造成的偏流，应及时进行检修
反洗入口门不严	检查反洗入口门，如关不严，应及时检修
用硫酸再生时，在树脂层中结硫酸钙	如果床内树脂结硫酸钙，应立即反冲洗
交换器截面上流速分布不均匀	重新铺装交换剂层，或改善进水分配装置

107. 阴床出水水质硅酸根突然增大、碱度升高是什么原因？如何处理？

表 3-10 阴床出水水质硅酸根突然增大、碱度升高的原因及处理方法

原因	处理方法
当阴床再生时，该床出口门不严或运行床的碱门不严	将该床停运，修理再生床的出口阀门或运行床的阀门
阴床失效漏钠	查出失效的阴床，立即停运，进行再生
备用阴床投运时，不放水，未化验	查出未进行放水或化验的阴床，立即停运，进行正洗处理，直至水质合格，方可投运

续表

原　　因	处 理 方 法
除碳器发生故障，除碳效率骤然下降	检查除碳器除碳效率，分析骤然下降的原因，进行检修处理
再生操作不标准，没按规定控制再生液量浓度、时间等	将床停运，重新再生，提高操作水平

注　根据阴床出口水母管水质劣化程度，如严重超标时，要立即处理水箱内水，适当增加锅炉排污，减少给水加氨量或减少炉内加 Na_3PO_4，必要时锅炉可降负荷运行。

108. 阴床出口水母管水质突然降低、电导增大的原因是什么？如何处理？

表 3-11　阴床出口水母管水质突然降低、电导增大的原因及处理方法

原　　因	处 理 方 法
阴床深度失效	立即停运失效的阴床
备用床投运时误操作，将反洗水门当运行入口打开等，使氢离子水直接送入除盐水道系统	查明误操作点，立即纠正，增加责任心，提高操作技能
与运行阴床出口水门相连接的其他水门不严	检查各运行床上与出口水门相连接的其他水门（如反洗入口门等）是否关严，如有问题，应立即将该床停运、检修
运行阴床内部装置损坏，造成树脂穿孔或偏流	此床停运修复

注　根据水质劣化情况，必要时可适当增加给水加氨量或锅炉加药量等补救措施。

109. 阴床正洗时出口水碱度或硅酸根不下降是什么原因？如何处理？

表 3-12　阴床正洗时出口水碱度或硅酸根不下降的原因及处理方法

原　因	处理方法
再生剂用量不够或浓度过低或再生时间过短	停止运行，重新再生，适当提高再生剂用量和浓度，按规定时间再生
再生剂质量不好（如含 NaCl 量过高）	更换再生剂
碱门不严或反洗入口门不严	检查是否关严，关不严联系检修处理
床内有塞孔或再生时出现乱层，或偏流现象	适当进行反洗，以便排除塞孔，重新再生
床内装置损坏	停运修理床内装置
树脂流失，树脂层高度不够	停运检修，添补树脂

110. 阴床出水电导率始终较高的原因是什么？如何处理？

表 3-13　阴床出水电导率始终较高的原因及处理方法

原　因	处理方法
阳床出水 Na^+ 含量异常升高	将漏 Na^+ 严重的阳床停运，进行重新再生
检查除碳器效率，如效率低，则水中 HCO_3^- 含量升高，增加阴床负担，不利于阴床除硅，致使电导率升高，此外也应检查一下周围空气是否被污染	除碳器效率低者，查明故障原因，立即消除。如是大气污染，在环保上应采取措施
阴床本身没再生好或正洗不彻底	重新再生。正洗不彻底的床继续正洗
阴床内混入了阳树脂，在阴床再生时，钠型阳树脂混杂在阴树脂中，而在制水时，放出 Na^+，因此，使出水电导率上升	进行阴阳树脂分离处理，处理方法：一般根据两种树脂比重差，配制一定浓度的 NaOH 或 NaCl，使其比重恰好为小于阳树脂比重而略大于阴树脂的比重，在容器内进行自然分离
操作有误或与运行床的出口门相连接的其他门关不严	查明误操作点，进行纠正，与出口门相连接的各门进行检修处理

111. 除碳器效率突然降低是什么原因？如何处理？

表 3-14 除碳器效率突然降低的原因及处理方法

原因	处理方法
除碳器入口水量突然增大，超过其处理能力	调整除碳器入口水量，将其限制在除碳器允许的负荷之内
鼓风机故障运行，不正常或自停	查找风机故障原因，进行检修，消除故障，在停运风机时，应注意其他除碳器水量的调配
鼓风机内进水	停运鼓风机，放尽内部积水，然后启动运行
鼓风机入口被异物堵塞	清除风机入口网上的异物，冬季应杜绝风机入口有水汽，防止入口网上结冰霜
除碳器内部装置损坏（如配水管脱落等）	检修处理除碳器内部配水装置

112. 离子交换剂急剧焦化的原因是什么？如何处理？

表 3-15 离子交换剂急剧焦化的原因及处理方法

原因	处理方法
水温过高或 pH 值过高，超出交换剂稳定范围	降低水温及 pH 值
还原时再生剂浓度太大	适当降低再生液浓度
进入离子交换器的水碱度太高	适当降低或控制进入离子交换器的水的碱度
钠离子交换器长期备用，以“钠型备用”时，在静止过程中亦会造成苛性碱度增高	采用“钙型”长期备用
阴离子交换器再生后不马上正洗，时间长会造成阴树脂焦化	再生后要马上进行正洗

113. 离子交换器运行周期短是什么原因？如何处理？

就阴离子交换器、阳离子交换器、钠离子交换器而言，运行周期普遍较短的共同原因及处理方法见表3-16。三种不同离子交换器运行周期短的原因及处理方法见表3-17。

表3-16　　离子交换器运行周期短的原因及处理方法

原　　因	处 理 方 法
离子交换器未经调试试验，使再生剂用量不足或浓度过小或再生流速过低或过高	对离子交换器进行调试试验，从而找出最佳运行之再生工况
监督离子交换器出水水质所用的标准溶液有误	更换标准溶液
树脂被悬浮物沾污	针对树脂污染情况，分别采取不同的复苏方法。生水过滤澄清，清洗树脂上的悬浮物
树脂破碎严重	补充新树脂
疏水系统遭到破坏或水流不均	检修疏水系统或重新铺装树脂层
逆洗强度不够或逆洗不完全	调整逆洗水量或水压
正洗时间过长、水量较大	正洗时要加强化验，调整水量
频繁调整交换器水量	控制出水量要平稳，特别是浮动床，一般不能调水量
树脂层中存有空气或出现“千层”现象	停运后进行充分反洗，排出空气，再生时床内要有足够的水（水位在树脂层以上100mm）运行时床内要有一定的正压
操作失误	加强责任心，提高操作水平
树脂破碎严重	通过大反洗将破碎树脂清除然后补充新树脂

表 3-17　三种不同离子交换器运行周期普遍短的单独原因及其处理方法

床类型	原　因	处 理 方 法
阴离子交换器	除碳器效率降低	检修除碳器
	阳床出口水水质恶化	阳床停运，重新再生
	再生液质量不好	更换再生液
阳离子交换器	用 H_2SO_4 作再生剂，使树脂结硫酸钙	提高操作水平，控制好再生时 H_2SO_4 浓度和再生流速
	生水中阳离子量多	增加再生剂用量或适当增加树脂量
	生水中游离氯含量超过允许量	提高除 Cl_2 效果，再生活性炭或更换活性炭滤料或加入亚硫酸钠（1mg/L Cl_2 加 2mg/L Na_2SO_4）控制生水加 Cl_2 量
	再生剂质量不好，含杂质多	更换再生剂
钠离子交换器	食盐质量不好，钙、镁离子含量高	提高食盐质量或更换
	生水硬度异常增大	适当提高再生用盐量或对生水先进行预处理
	食盐浓度太低	增加食盐浓度

第四章

膜分离与蒸馏法除盐

第一节　反渗透除盐

114. 离子交换法与反渗透法各有什么特点?

离子交换法处理水有以下特点：预处理要求简单、工艺成熟，出水水质稳定、设备初期投入低；由于制水原理类同于用酸碱置换水中离子，所以在原水低含盐量的地区，运行成本较低。但其操作复杂烦琐；自动化操作难度大，投资高；需要酸碱再生，存在环境污染隐患；细菌易在床层中繁殖，在含盐量高的区域，运行成本高。

从20世纪80年末开始，膜法水处理在我国得到了广泛应用，反渗透就是除盐处理工艺的膜法水处理工艺之一。反渗透法处理有以下特点：是当今较先进、稳定、有效的除盐技术；工艺简单、操作方便、易于自动控制、无污染、运行成本低；原水含盐量较高时对运行成本影响不大。但其预处理要求较高、初期投资较大。

115. 反渗透脱盐的原理是什么?

对透过的物质具有选择性的薄膜为半透膜、一般将只能透过溶剂而不能透过溶质的薄膜称为理想的半透膜，当把相同的体积的稀溶液（例如淡水）和浓溶液（例如盐水）分别置于半透膜的两侧时，稀溶液中的溶剂将自然透过半透膜而自发地向浓溶液一侧流动，这一现象称为渗透，当渗透达到平衡时，浓溶液侧的液面会比稀溶液面高出一定高度，即形成一个压差，此压差即为渗透压，渗透压的大小取决于溶液的固有性质，即与溶液的种类、浓度和温度有关而与半透膜的性质无关，若在浓溶液一侧施加一个大于渗透压的压力时，溶剂的流动方向将与原来的渗透方向相反，开始从浓溶液向稀溶液一侧流动，这一过程称为反渗透。

反渗透膜是化学合成高分子膜，在合成过程中通过分子之间的作用使反渗透膜上有很多孔隙。这些孔隙的孔径为 0.000 1～0.001 微米，与水分子的直径相当。几乎所有有害杂质的体积都比水分子大几百倍、最小的病毒也比水分子大几十倍，杀虫剂六六六比水分子大 15 倍。铅、汞、铬等重金属盐，钙、镁、铁、锰、铝的盐类都是以水合离子形式存在于水中的，它们水合后比水分子大 10～20 倍。反渗透膜通过粒子大小的选择和对带电粒子的排斥将以上所列这些杂质彻底清除。反渗透装置就是利用上述这一原理，利用高压泵将原水增压后，借助半透膜的选择截留作用来除去水中的无机离子的，能滤除各种细菌、病毒和热源，获得高质量的纯水。

116. 反渗透除盐装置的关键技术是什么？

反渗透设施生产水的关键有两个，一是要有选择性的膜，我们称之为半透膜，二是一定的压力。这其中，对于电厂化学制水而言，最关键的技术就是反渗透半透膜的选用。简单地说，反渗透半透膜上有众多的孔，这些孔的大小与水分子的大小相当，由于细菌、病毒、大部分有机污染物和水合离子均比水分子大得多，因此不能透过反渗透半透膜而与透过反渗透膜的水相分离。在水中众多种杂质中，溶解性盐类是最难清除的。因此，经常根据除盐率的高低来确定反渗透的净水效果。反渗透除盐率的高低主要决定于反渗透半透膜的选择性。目前，较高选择性的反渗透膜元件除盐率可以高达 99.7%。

117. 反渗透除盐技术的优缺点是什么？

反渗透除盐技术的优点是：连续运行，产品水水质稳定、无须用酸碱再生、不会因再生而停机、节省了反冲和清洗用水、以高产率产生超纯水（产率可以达到95%）、无再生污水，不须污水处理设施、无须酸碱储备和酸碱稀释运送设施、减小车间建筑面积、使用安全可靠，避免工人接触酸碱、减低运行及维修成本、安装简单、安装费用低廉。

反渗透设备的系统除盐率一般为98%～99%。这样的除盐率在大部分情况下是可以满足要求的。超临界或者说超超临界锅炉对补给水的要求可能更高。此时单级反渗透设备就不能满足要求。以下方法则可以对反渗透水进行进一步纯化以达到要求：

（1）双级反渗透。将单级反渗透纯水再进行一次反渗透处理以提高纯水的纯度。

（2）反渗透与EDI结合。可以用较小的厂房，较低的运行费用产生超纯水。

（3）反渗透与离子交换结合可以减小的厂房使用面积并降低低的运行费用。

118. 反渗透除盐装置在运行中的主要问题有哪些？

反渗透除盐装置（RO）自20世纪80年代中期起在我国火力发电厂得到越来越广泛的应用。它的使用极大地延长了传统离子交换设备的再生周期，减少了酸碱的排放量，有利于节约水资源及改善环境保护。

（1）超滤膜的选用。由于反渗透与传统的过滤完全不同，后者水全部通过滤层，依靠反洗将截流的污物从滤层中除掉，而RO则是一部分水与膜垂直的方向通过膜，此时盐类和胶体物质则在膜表面浓缩，依靠给水沿与膜平行的方向将浓缩物质带走。膜元件的水通量越大，回收率越高，则其膜表面越易受污染。在正常运行条件下，反渗透膜可能被无机污垢、胶体、微生物、金属氧化物等污染，这些物质沉积在膜表面上，将会引起反渗透装置出力下降或出盐率下降。因此，对于反渗透所用的滤膜是反渗透技术运用的关键。

（2）预处理的必要性。与超滤膜相比，反渗透膜对原水预处理要求较严，因为反渗透膜在使用过程中可能发生膜污染、浓差极化、结垢、微生物侵蚀、水解氧化、压密以及高温变质等问题。为了保证反渗透装置长期稳定运行，根据运行经验，对反渗透装置的进水水质作了较为严格的规定。对各种形式的膜和各种组件系统，为了充分发挥其优越性，保持良好的设计性能和长时间的经济运行，特别是保证膜的使用寿命，必须对原水进行适当的预处理。预处理是反渗透系统中不可缺少的一个组成部分，通常包括凝聚、沉降、杀菌、化学处理及过滤，主要目的是去除悬浮固体颗粒、微生物、胶体物质、硬度及其他对膜有损害的物质。对于预处理和设备运行中的各种参数必须加以高度重视，不合格的水坚决不能进入反渗透，尤其是污染指数（SDI）值。如果只把反渗透装置当做过滤设备，那么膜会很快受到污染而无法运行。

119. 影响反渗透除盐效果的因素有哪些?

（1）温度调整。任何反渗透膜都有一个合适的使用温度范围，一般为 0～40℃。适当地提高水温，有利于降低水的黏度，增加膜的透过速度。通常在膜的允许使用温度范围内，水温每增加 1℃，水的透过速度约增加 2%；在高于膜的最高允许温度下使用，膜不仅变软后易压密，还会加快膜的水解和降低碳酸钙的溶解度促其结垢。有时为了防止 SiO_2 析出，也可以提高水温，增加其溶解度。膜材料不同，最高允许使用温度不同。一般，醋酸纤维素膜最高允许使用温度为 40℃，芳香聚酰胺膜和复合膜的最高允许使用温度为 45℃。若水温超过最高允许温度时，应采取降温措施，如设置冷却装置。当水的温度太低时，应采取加热措施，如蒸汽加热、电加热等。

（2）pH 调整。反渗透膜必须在允许的 pH 范围内使用，否则可能造成膜的永久性破坏。例如醋酸纤维素在碱性和酸性溶液中都会发生水解，而丧失选择性透过能力。醋酸纤维素膜使用的

pH 范围比较窄，一般为 5～6，但不同的厂商规定其产品使用的 pH 范围存在一些差异。当原水需要加酸降低 pH 值时，常用硫酸。生产实际中，为了防止碳酸钙的析出，也需要往原水中加酸，降低水的 pH 值。醋酸纤维素膜加酸后 pH 值一般控制在 5.5～6.2。一般，原水加酸的目的是为了防止碳酸盐垢的生成，而对于膜，原水加酸的目的不仅是为了防止碳酸盐垢，而且是为了防止膜的水解。

（3）前置多层过滤。用来除去进水中的悬浮固体和胶体。控制反渗透装置进水固体颗粒含量的指标之一是浊度。在设计预处理系统时，应考虑不要让大于 5μm 的颗粒物质进入高压泵和反渗透装置，以避免高压泵的损害和膜元件的划伤而引起脱盐率下降。为了满足反渗透装置对进水浊度的要求。常在预处理系统中设置多层滤料过滤器、细砂过滤器和精密过滤器等深度过滤装置。多层滤料过滤器又称多介质过滤器。细砂过滤器常用粒径为 0.3～0.5mm 石英砂，层高为 800～1000mm。滤速约为 5m/h，精密过滤器常用滤元孔径为 5μm 过滤器（俗称 5μ 过滤器），是预处理系统中的最后一道处理工序，对反渗透装置起保护作用，又称保安过滤器。

（4）可溶性硅酸的控制。大多数原水中含 1～100mg/L 的溶解性硅（常以 SiO_2 形式表示）。原水进入反渗透装置被浓缩之后，SiO_2 有可能达到过饱和状态，聚合成不溶性胶态硅酸沉积在膜表面。浓水中允许的 SiO_2 含量取决于 SiO_2 的溶解度。SiO_2 的溶解度随水温递增，在 pH＝7 的条件下，水温 40℃时 SiO_2 的溶解度较 25℃时 30％，pH 值高时溶解度也高；则应在预处理系统中考虑防止沉积的措施，例如提高水温、提高 pH 值、石灰软化原水和降低水的回收率等。

（5）防止结垢。反渗透膜过滤时，水中绝大部分盐类保留在浓水中，导致浓水含盐量上升，例如水的回收率为 75％时，即进水经反渗透浓缩后其体积减少至原来的 25％时，浓水中盐的浓度也大致增加至进水的 4 倍。盐类的这种浓缩是反渗透装置结垢的主要原因。反渗透装置结垢的物质主要是难溶盐。

120. 在电厂化水运行中，为什么要使用阻垢剂？

由于反渗透过程溶解固形物浓缩排放和淡水利用，当水受到浓缩时会有无机盐结晶析出，形成碳酸盐水垢和硫酸盐水垢。特别是硫酸盐晶体因为它的结晶体往往带有锋利的尖角，会刺穿半透膜，造成浓水漏过膜表面，从而导致损坏膜元件的性能，无法达到脱盐的目的。

因此，在化水运行中，要考虑在水中增加阻垢剂。其应当具有很高的阻垢和分散性能，对无机碳酸盐垢采用复合阻垢剂之后能够可安全运行，无需加酸调节 pH 值；对硫酸盐垢采用复合阻垢剂之后，可以提高他们的溶解度；还因为它们是降低磷或非磷系的化合物，排放后不会对环境形成富营养化的二次污染，起到环境保护的作用，且对铁胶和硅胶体具有很强的分散作用，防止胶体对膜的污染。

121. 反渗透膜元件会有哪些污染？如何防止？

在正常运行一段时间后，反渗透膜元件会很快受到在给水中可能存在的悬浮物或难溶物质的污染，这些物质中最常见的为碳酸钙垢、金属氧化物垢、硅沉积物及有机或无机沉积物。污染物的性质及污染速度与给水条件有关，污染是一个渐变过程，如果不在早期采取措施，污染将会在相对较短的时间内损害膜元件的性能，定期检测系统整体性能是确定膜元件发生污染的一个好方法，不同的污染物会对膜元件性能造成不同程度的损害。

碳酸钙垢。在阻垢剂添加系统出现故障时或出现故障而导致给水 pH 值升高，碳酸钙就有可能沉积下来，应尽早发现碳酸钙垢沉淀的发生，以防止生长后的晶体对膜表面产生损伤。如早期发现碳酸钙垢，可用降低给水 pH 值至 3.0～5.0 区间运行 1～2h 的方法去除。对沉淀时间更长的碳酸钙垢，则应采用 2%的柠檬酸清洗液（控制 pH 值不小于 2）进行清洗，应确保任何清洗液的 pH 值不要低于 2.0，否则可能会对 RO 膜元件造成损害，特别是在温度较高时应特别注意，最高 pH 值不应高于 12。可使用 NaOH 来提高 pH 值，使用硫酸或盐酸来降低 pH 值。

硫酸钙垢。采用清洗液是将硫酸钙垢从反渗透表面去除掉的最佳方案。

金属氧化物垢。可采用上面所述的去除碳酸钙垢的方法去除沉积下来的氢氧化物（氢氧化铁）。

有机沉积物。有机沉积物可以使用清洗液去除，为了防止再繁殖，可使用杀菌溶液在系统中循环、浸泡，一般需较长时间浸泡才能有效。

无机物沉淀和有机物沉淀往往会同时发生，对于这种现象，单独采用一种清洗液效果可能不佳，采用多级清洗是有利的，即用酸来清洗金属氧化物，然后用碱来清除有机物。

122. 什么情况下要对反渗透系统进行清洗？

在化水系统中，污染物的去除可通过化学清洗和物理冲洗来实现，有时亦可通过改变运行条件来实现。作为一般的原则，当符合下列情况之一时，就应当进行清洗：

（1）在正常压力下，如出水流量降至正常值的 10%～15%；

（2）为了维持正常的产品水流量，经温度校正后的给水压力增加了 10%～15%；

（3）产品水质降低 10%～15%，盐透过率增加 10%～15%；

（4）系统使用压力增加 10%～15%；

（5）RO 各段间压差比运行初期增加了 15%。

123. 反渗透系统清洗前的准备措施是什么？

在进行系统清洗前，首先要做好必要的安全预防措施：

（1）清洗所用的任何化学药品均应遵照安全准则并接受安全训练，应与药品制造厂联系，取得详细的安全、使用及排放的知识。

（2）准备清洗液时，应保证所有化学药品均是可溶的，在进入膜元件循环前，应混合均匀。

（3）清洗后最好用除盐水或 RO 产品水冲洗，当保证管道不会腐蚀时，也可使用经预处理的冷水，清洗后在恢复正常运行压力和流量前，应先在低流量、低压力下将膜元件内的药液冲净。尽管如此，刚清洗后仍有化学药品出现有淡水侧，所以清洗完毕启动后应将渗透水排放 10min 以上，直至出水洁净。

（4）在清洗药液循环时，温度一般不应超过 40℃。

（5）对于直径较大的膜元件，清洗液流动方向必须和正常运行水流方向相同，以防膜卷冲出，对于小尺寸膜元件最好也用同样程序。

124. 反渗透系统清洗的程序是什么？

对多段 RO 装置，原则上应分段清洗，清洗水流方向与运行方向相同，当污染比较轻微时，可以多段一起进行清洗。在对膜元件进行单段清洗时，通常可以分 6 个步骤：

（1）混合清洗液。按照确定的清洗液，用适当的方式进行混合，如果温度不合适，就应当先进行预热。

（2）置换。将预热的清洗液以低流速、低压力打至容器中置换掉原有溶液，该压力只为抵消掉从给水至浓水的压降，基本上无渗透水产生，低压力水流可减少赃物在膜上的再沉淀，如有必要，应弃去浓水以防清洗液被稀释。

（3）循环。当原有水已被置换，清洗液在浓水中出现时，即可将浓水回收至清洗器中打循环，并维持恒定温度。

（4）浸泡。停泵浸泡膜元件，通常 1h 即可，对于污染严重的膜延长浸泡时间是有益的，可浸泡 10～15h，在延长的浸泡时间内，为保持较高的温度，可低速循环。

（5）预清洗。采用大流量运行泵利用其大流量将清洗液进行循环 30～60min，高流速水流可冲走清洗时从膜表面上去除的污染物。

（6）冲洗。预处理后的原水可用来冲去清洗液，当然这应无阀腐蚀问题。另外，用酸清洗时，应测定 pH 值，故 pH 值上升 0.5 以上时，应考虑增加酸量。对于多段系统，冲洗和浸泡操作常常同时在所有段依法进行；大流量循环，则应分别多段进行，故流速在一段不能太低，在最后一段则不能太高。

125. 保安过滤器的作用是什么？

5μm保安过滤器设置在反渗透之前，目的是防止水中的大颗粒物进入反渗透膜，确保RO的正常运行。保安过滤器是立式柱状设备，内装PP喷熔滤芯，过滤精度为5μm。胶体和颗粒污堵可严重地影响反渗透元件的性能，如大幅度降低产水量，有时也会降低系统脱盐率，胶体和颗粒污染的初期症状是系统压差的增加。

反渗透进水中的淤泥和胶体的来源有相当大的差异，通常包括细菌、黏土、胶体硅和铁的腐蚀产物。澄清池或介质过滤器所用的预处理絮凝剂如聚合氯化铝、三氯化铁、阳离子聚电解质，会与微小的胶体和颗粒结合，聚集成大尺度絮凝体，以便于被填料介质或滤芯截留住，这类凝絮就使得人们对介质过滤器和滤芯的孔径要求降低了，仍能发挥出色的过滤效果。

当这些絮凝剂投加过量少许时，过量部分的絮凝剂本身之间会发生自凝聚生成大颗粒，可被过滤过程截留住，但应特别注意的是，如果超极限投加极有可能在元件内因被截留而污染膜表面。

保安过滤器属于精密过滤，其工作原理是利用PP滤芯5μm的孔隙进行机械过滤。水中残存的微量悬浮颗粒，胶体，微生物等，被截留或吸附在滤芯表面和空隙中。随着制水时间的增长，滤芯因截留物的污染，其运行阻力逐渐上升，当运行至进出口水压差达0.15MPa时，应更换滤芯。

126. 对于过滤器的日常维护有些什么具体的要求？

（1）机械过滤器定期反洗。反洗时进行压缩空气气体摩擦，反洗合格后静置10min左右再正洗，正洗出水合格后方可投入使用，勿将空气带入反渗透。尽可能延长机械过滤器的运行时间，这样既减少了切换过滤器对出水水质的冲击，又节约了大量

反洗用水。

(2) 定期检查、及时更换精密过滤器滤芯。防止滤芯因安装或质量问题发生泄露所引起的反渗透膜的颗粒污染。当精密过滤器进口压差大于0.15MPa时，应更换滤芯。一般应每月检查一次，2～3个月更换一次滤芯。运行时还应经常检查精密过滤器内是否有气体，不能让空气带入反渗透膜。对备用或长期停运的精密过滤器，要采取加甲醛保护的方法防止细菌大量繁殖。

高压泵入口压力应至少大于0.05MPa，防止空气或精密过滤器前截留物被高压泵抽入反渗透膜。

(3) 停用的反渗透膜应定期低压冲洗，尤其夏天，应做到每班冲洗一次。如停运时间大于7天，应采用亚硫酸氢钠或甲醛溶液对反渗透膜进行保护。并应及时检测保护液的pH值和浓度。

(4) 定期对给水水质进行化验分析，根据实际情况及时调整絮凝剂、杀菌剂、还原剂及阻垢剂的加药量。防止絮凝剂穿透过滤器与阻垢剂反应影响阻垢效果，或污染反渗透膜；防止杀菌剂用量不足而使反渗透膜受细菌污染，或因杀菌剂过量而使膜被氧化；防止阻垢剂含量不足使浓水结垢而导致膜化学污染。

(5) 当与初始投用状态相比，标准化的反渗透装置产水量下降10%或在特定条件下产水含盐量明显上升，或压差增加了15%时，应对反渗透膜进行及时清洗。

(6) 应该及时调整浓水量，保持回收率75%左右，应既不能使浓水中微溶盐浓度超过溶度积而结垢，又不应浪费水，即应达到经济运行状态。

(7) 定期对RO装置进行大流量、低压力、低pH值的冲洗有利于清除附着在RO膜表面上的污垢，维持膜的良好性能。

127. 如何对反渗透系统进行停运保护?

由于生产的波动，RO装置不可避免地要经常停运，RO短期或长期停用时必须采取保护措施，不适当地处理会导致膜性能下降且不可恢复。

短期保存适用于停运15天以下的RO系统，可采用每1～3天低压冲洗的方法来保护RO装置。实践发现，水温20℃以上时，RO装置中的水存放3天就会发臭变质，有大量细菌繁殖。因此，建议水温高于20℃时，每2天或1天低压冲洗一次，水温低于20℃时，可以每3天低压冲洗一次，每次冲洗完后需关闭反渗透装置上所有进出口阀门。

长期停用保护适用于停运15天以上的系统，这时必须用保护液（杀菌剂）充入反渗透装置进行保护。常用杀菌剂配方（复合膜）为甲醛10（质量分数）、异噻唑啉酮20mg/L、亚硫酸氢钠1（质量分数）。

第二节 EDI 水处理

128. EDI水处理技术有哪些特点?

电除盐（Electordeionization缩写为EDI），是一种新型的纯水处理技术，它是将电渗析和离子交换技术有机结合的深度除盐新工艺。在EDI中，阳、阴混合离子交换树脂被填充在淡水室中，利用除盐过程中的浓度极化和水电离产生的H^+、OH^-再生混合离子交换离子树脂，相当于连续获得再生的混合离子交换树脂，从而具有连续再生能力，再生过程不需要酸、碱等化学试剂，被称为新型绿色环保水处理技术。依据用水水质的不同要求，EDI一般和反渗透水处理技术（RO）结合使用，用于反渗透水处理设备之后的精处理来替代混床，也可以作为混床的前处理。

EDI实际上是在传统的电渗析淡水室（或也包括浓水室）中充填阴阳混合树脂，利用树脂去除进水中微量离子，从而使出水电导率下降，出水水质提高。该树脂不需要酸碱再生，而是通过电渗析极化时水解离产生的H^+和OH^-对树脂进行再生，再生产物进入浓水室排放。因此，它的工作过程是自动的，操作很少。

129. EDI 相比传统混床有哪些优点？

EDI 工艺系统代替传统的混合树脂床来制造去离子水，与 DI 混床最大的不同是，EDI 的去离子过程可以连续进行，自动化程度高，且不需要酸碱再生。

电渗析与离子交换技术的有机结合；保留了电渗析连续脱盐和离子交换深度脱盐的优点；离子交换树脂用量少，与普通离子交换树脂方式相比，节约树脂 95%以上；离子交换树脂不需酸碱化学再生，节约大量酸碱和清洗用水，大大降低劳动强度；无废酸废碱液排放，是清洁生产技术，绿色环保产品；过程易实现自动控制，EDI 与反渗透（RO）、超滤（UF）等水处理技术相结合，能形成完善的高纯水生产线；占地面积小，而且不需要像离子交换床那样，一套在用，一套再生的重复设置；产水水质高。

130. EDI 的基本原理是什么？

EDI 是一种物理除盐工艺，其基本原理如下：一套 EDI 由多个除盐单元组成，一个 EDI 单元由离子交换树脂、离子选择性膜以及直流电场组成。

离子选择性膜分为阳离子选择性透过膜和阴离子选择性透过膜，两者间隔排列，阳离子选择性透过膜只允许阳离子通过，阴离子和水不能通过。同样，阴离子选择性透过膜只允许阴离子通过。阴、阳混合树脂夹在阳、阴选择性透过膜中间，在外加直流电场的作用下 Ca^{2+}、Mg^{2+}、Na^{+}、H^{+} 等阳离子向阴极移动，CO^{-}、SO^{2-}、OH^{-} 等阴离子向阳极移动，通过选择透过性膜分别进入相邻的弃水通道，从而降低淡水通道水中的离子含量，达到净化的目的。

离子交换树脂所起的作用有两点，一是使产水通道中的电阻降低，加强了离子迁移，增强了电离子的去除能力，提高产水水质；二是在直流电场中不断地水解出 H^{+}、OH^{-}，这种分离出来的 H^{+}、OH^{-} 在 EDI 中充当树脂的再生剂，可以始终维持一部分树脂处于再生状态，从而显著地提高产水量。这样，离子交换树脂的再生在产水的同时完成，不需额外添加酸碱等化学药品，不但在从业安全上得到了保证。而且使系统具有连续再生能力。

131. EDI运行中的主要影响因素有哪些?

EDI作为一项新型的水处理技术，在越来越多的电厂得到了应用。下面对EDI系统运行中的主要影响因素进行分析，包括进水电导率、进水流量、系统电压与电流、水的pH值、温度及压力的影响等。

(1) 进水电导率对脱盐效果的影响。在保证其他条件不变的前提下，随着原水电导率的上升，脱盐效果变差。这样，在进水水质较差、电导率较高的情况下，系统要维持电解功能，电流就会增加，导致除盐效果降低。

(2) 进水流量的影响。进水流量与EDI模块的处理能力，进水水质以及进水压力有关。EDI模块在产水能力恒定条件下，进水水质越差，模块的单位处理负担就越重，进水流量应当调节的越小。在模块的启动阶段，应注意当瞬间流量过大时，会造成膜的穿孔。

(3) 电压和电流的影响。电压的确定和模块的设计有关，电压是使离子迁移的动力，它使得离子从进水中迁移到浓水中，同时电压也是电解水用于再生树脂的关键。在规定范围内如果电压过低，会导致电解水减少，产生的H^+和OH^-离子不足以再生填充树脂，同时电压太低使得离子的迁移动力减弱，最终使模块的工作区间下移，产水水质变差。如果电压过高，就会电解出过剩的H^+和OH^-，使电流升高的同时也使离子极化和扩散加剧，导致产品水水质变差。

(4) 进水的pH值、温度及压力的影响。进水的pH值表示了进水中H^+的含量，一般进水控制在5~9之间。通常情况下pH值偏低是由于二氧化碳的溶解所引起的。由于是弱电离物

质，二氧化碳也是导致水质恶化的因素之一，所以在进 EDI 系统之前，一般可以安装一个脱碳装置，使得水中的二氧化碳浓度控制在 5mg/L 以下。

通常 EDI 的进水温度应控制在 5～35℃之间，最佳温度是在 25℃左右。温度的降低会使水的活性降低，水的黏性增加，系统压力上升。而且膜的交换能力一般也随着温度的下降而降低。如果温度上升，则会表现出大致相反的现象。此时水中的离子活性增加，运动剧烈，水的电导相应增加，此时如果给定电压不变的话，电流就会上升。当温度超过一定温度以后，产水水质会逐渐变坏。

132. EDI 的日常维护有哪些要求？

在一个设计良好的化水系统中，EDI 仅仅需用少量的维护。使用的仪表每 1 ~ 2 年需要一次校准。对于运行人员而言，每天要把压力、流量、电流的数据记录在案，以便日后用来研究污物和浓缩比例的问题。但是当预处理工作不正常或者预处理系统设计的不好时候，浓缩比例和污染会存在。当发现污染的时候，在很多情况下清洗可以恢复膜的性能。制药系统将根据预处理系统的清洗来决定 EDI 系统的清洗，其清洗的过程和所用的化学物和 RO 系统很相似。

EDI 的膜堆的设计寿命为 5 ~ 10 年甚至更长，膜堆实际的寿命主要取决于水源、预处理系统和维护水平、根本上还是取决于其所使用的阴离子的强度的稳定性，在一个标准的设计中，简单的 EDI 膜块的问题可以通过隔离而解决，这只需要几分钟，甚至不需要停运系统。

第三节 蒸馏法除盐

133. 蒸馏法除盐的流程是什么？

蒸馏法是一种最古老、最常用的脱盐方法。目前工业废水的蒸馏法脱盐技术基本均是从海水脱盐淡化技术基础上发展而成，蒸馏法的基本原理是使含盐的水蒸发，然后将蒸汽冷凝而成蒸馏水。溶解水中的盐类则被留在蒸馏器中。当对水的纯度要求较高时，可以经过多次蒸馏，取得纯度更高的“脱盐水”。经石英容器的三级蒸馏出水，其电导率可小于 1μs/cm。

蒸馏法有很多种，如多效蒸发、多级闪蒸、压气蒸馏、膜蒸馏等，蒸馏法是最早采用的淡化法，其优点是结构简单、操作容易、所得淡水水质好等，但是用蒸馏法制取除盐水存在下述问题：一是成本较高；二是由于蒸发过程，易带走挥发性离子杂质（如氨）；在冷却过程中，易带入二氧化碳，所以蒸馏水水质不是很高；三是出力小。

134. 蒸馏除盐法具有哪些特点？

相对于其他几种除盐方法，蒸馏除盐法具有以下特点：

（1）水与盐分离消耗的能源主要是热能。

（2）适合于运用工业余热进行制水，例如利用汽轮的低压抽汽来加热盐水，常常能够取得较好的经济效益。

（3）容易制成简易的小型蒸馏设备，只需有电即可制成除盐水，因而，该技术常用于实验室。

（4）加热是很好的杀菌办法，所以蒸馏法目前被普遍用于制造无菌除盐水。

（5）除盐的彻底性不如离子交换法，不合适除盐水的精制。

（6）关于含盐量高的水源（如海水、苦咸水），经济性不如反渗透法；关于含盐量低的水源（如江河水、大多数水库水），经济性不如离子交换法。因而，在许多状况下蒸馏除盐法的应用范围有限。

（7）已与膜技术分离构成一项新的除盐技术，即膜蒸馏（MD）技术。该技术与常规蒸馏相比，蒸馏效率高，与反渗透相比，操作压力低。膜蒸馏在常压和低于沸点的温度条件下进行除盐，太阳能可能成为理想热源。

135. 多效蒸发法除盐的特点是什么？

多效蒸发是让加热后的盐水在多个串联的蒸发器中蒸发，前一个蒸发器蒸发出来的蒸汽作为下一级蒸发器的热源，并冷凝成为淡水。其中低温多效蒸馏是蒸馏法中最节能的方法之一。低温多效蒸馏技术由于节能的因素，近年发展迅速，装置的规模日益扩大，成本日益降低，主要发展趋势为提高装置单机造水能力，采用廉价材料降低工程造价，提高操作温度，提高传热效率等。

136. 多级闪蒸法除盐的特点是什么？

以海水淡化为例，将原料海水加热到一定温度后引入闪蒸室，由于该闪蒸室中的压力控制在低于热盐水温度所对应的饱和蒸汽压的条件下，故热盐水进入闪蒸室后即成为过热水而急速地部分气化，从而使热盐水自身的温度降低，所产生的蒸汽冷凝后即为所需的淡水，多级闪蒸就是以此原理为基础，使热盐水依次流经若干个压力逐渐降低的闪蒸室，逐级蒸发降温，同时盐水也逐级增浓，直到其温度接近（但高于）天然海水温度。

137. 蒸汽压缩冷凝法除盐的特点是什么？

蒸汽压缩冷凝脱盐技术是将盐水预热后，进入蒸发器并在蒸发器内部分蒸发。所产生的二次蒸汽经压缩机压缩提高压力后引入到蒸发器的加热侧。蒸汽冷凝后作为产品水引出，如此实现热能的循环利用。当其作为循环冷却水脱盐回收工艺时，可使冷却水中的有害成分得到浓缩排放，并使95%以上的排废水以冷凝液的形式得到回收，作为循环水和锅炉补充水返回系统。这种工艺对设备材质的要求极高，运行中要消耗大量的热量，存在一次性投入和运行费用极高的缺点，只可能在特别缺水的地区发电厂中采用。

138. 膜蒸馏法除盐的原理是什么？

膜蒸馏（MD）是膜技术与蒸馏过程相结合的膜分离过程，它以疏水微孔膜为介质，在膜两侧蒸气压差的作用下，料液中挥发性组分以蒸气形式透过膜孔，从而实现分离的目的。与其他常用分离过程相比，膜蒸馏具有分离效率高、操作条件温和、对膜与原料液间相互作用及膜的机械性能要求不高等优点。

膜蒸馏是一种用于处理水溶液的新型膜分离过程。膜蒸馏中所用的膜是多孔的和不被料液润湿的疏水膜，膜的一侧是与膜直接接触的待处理的热水溶液，另一侧是低温的冷水或是其他气体。由于膜的疏水性，水不会从膜孔中通过，但膜两侧由于水蒸气压差的存在，而使水蒸气通过膜孔，从高蒸气压侧传递到低蒸气压侧。这种传递过程包括三个步骤：水在料液（高温）侧膜表面汽化；汽化的水蒸气通过疏水膜孔进行传递；水蒸气在膜的低温侧冷凝为水。

139. 膜蒸馏法的优缺点有哪些?

膜蒸馏是近些年来发展起来新型膜技术，它有机地结合了蒸馏的特点和膜的特点。在膜蒸馏过程中既有常规蒸馏中的蒸汽传质冷凝过程，又有分离物质扩散透过膜的膜分离过程。它避免了蒸馏法易结垢、怕腐蚀和反渗透法需要高压操作的缺点。理论和实践证明膜蒸馏技术在海水脱盐方面应具有下列优点：

（1）理论上膜蒸馏可以达到100％脱盐率。对大分子化合物、胶体、盐类等非挥发性物质的选择性为0，因此膜蒸馏的产品为高纯度水。膜蒸馏对水的选择性高于反渗透脱盐过程，甚至高于多级闪蒸。

（2）盐浓度对膜蒸馏效率的影响远低于对反渗透和蒸馏法效率的影响，膜蒸馏能够从海水中制取更高比例的淡水，同时获得具有更高利用价值的浓海水资源。

（3）膜蒸馏的淡化制水过程在接近常压及较低温度下进行。其温度低于传统的蒸馏法，而其压力远低于反渗透膜法。

（4）与反渗透（在高压下进行）相比膜蒸馏所需膜、膜组件及相关设备的机械强度大幅度减小，膜蒸馏设备的投资通常比反渗透法和蒸馏法较低。

（5）由于膜的非极性减弱了盐水和膜之间的相互作用，与常规压力驱动的膜过程相比膜蒸馏具有较好的抗污染性能，相应地对盐溶液的预处理要求也随之降低。

（6）由于膜和膜组件是由高分子材料制备的，避免了因腐蚀而造成的环境污染。同时由于膜在膜蒸馏过程中不直接参与分离作用，膜的唯一作用是作为两相间的屏障，所以能够用于制备膜蒸馏用膜的非亲水性高分子材料也比较广泛。

（7）和传统的蒸发过程相比，膜蒸馏的蒸发空间非常小。膜蒸馏设备体积大为减小，设备质量也更轻。

（8）由于膜蒸馏过程是在较低的温度下进行的，许多低温热源可被利用，比如：太阳能、地热、工业废热、热电厂排放蒸汽或传统脱盐余热等。

（9）组件式的膜系统使设备规模容易根据需要适时调整。

但是膜蒸馏作为一种分离技术也还有许多不完善之处，这也是迄今该技术还没有被大规模工业应用的主要原因之一：①对膜过程的理论认识还较欠缺；②运行过程中膜的污染不仅导致膜的通量下降，更为严重的是加速了膜的润湿，使盐渗漏进入淡水侧，从而使淡水品质下降；③实用性膜的产水通量较低；④迄今还没有开发出较成熟的膜蒸馏用膜的生产技术；⑤缺乏有效的热量的回收手段；⑥没有长期的运行经验。

第五章

锅炉水处理

第一节　锅炉及其水汽质量标准

140. 电厂锅炉用水为什么要进行处理?

电厂锅炉根据其锅炉参数的不同，对其水质标准的要求也不同，但它们的用水都必须经过严格的处理，同时对锅炉的水汽质量还必须进行严格的质量监督，否则，水中有杂质，达不到锅炉用水标准，则对锅炉会引起下列后果：

(1) 引起锅炉结垢：不合格的水进入锅炉，经一段时间运行后，在和水接触的受热面上会生成一层固体的附着物——水垢。由于水垢导热性能差，使结垢部位温度过高，引起金属强度下降，局部变形，产生鼓包，严重的还会引起爆裂事故；结垢还会浪费燃料，大大降低锅炉运行的经济性；结垢会使汽轮机凝汽器内真空度降低，从而使汽轮机的热效率和出力降低。

(2) 引起锅炉腐蚀：水质不良，会造成省煤器、水冷壁、给水管道、各加热器、过热器以及汽轮机凝汽器等的腐蚀，使金属管壁变薄，甚至会造成锅炉爆管乃至爆炸等恶性事故；腐蚀产物转入水中污染水质，从而加剧了受热面上的结垢，结垢又促进了垢下腐蚀，造成腐蚀和结垢的恶性循环。

(3) 造成过热器及汽轮机的积盐：水中的超量杂质和盐分，随蒸汽带出而沉积于过热器和汽轮机。过热器的积盐会引起金属管壁过热，甚至爆裂；汽轮机内积盐会降低出力和效率，严重的

会造成事故。

141. 蒸汽含杂质对机炉设备的安全运行有什么影响?

蒸汽含杂质过多，在蒸汽的通流部分会沉积盐类附着物，会引起过热器受热面、汽轮机通流部分和蒸汽管道沉积盐。盐垢如沉积在过热器受热面壁上会使传热能力降低，重则使管壁温度超过金属允许的极限温度，导致管子超温烧坏，轻则使蒸汽吸热减少，过热气温降低，排烟温度升高，锅炉效率降低。盐垢如沉积在汽轮机的通流部分，将使蒸汽的流通截面减小、叶片的粗糙度增加、甚至改变叶片的型线，使汽轮机的阻力增大，出力和效率降低；此外将引起叶片应力和轴向推力增加，甚至引起汽轮机振动增大，造成汽轮机事故。汽轮机调速机构积盐会因卡涩拒动而引起事故停机。盐垢如沉积在蒸汽管道的阀门处，可能引起阀门动作失灵和阀门漏汽。

142. 过热蒸汽品质劣化的原因是什么？如何处理?

表 5-1　　过热蒸汽品质劣化的原因及处理方法

原　　因	处 理 方 法
锅炉水的含盐量超过极限值	查明不合格的来源，如给水含盐量高，应及时处理，或减少其使用量（如凝结水严重不合格应放掉）以降低浓度。同时，增加排污量和定期排污（放水）次数。如补给水硬度合格，可暂停向锅内加药
锅炉运行工况不正常，如负荷、水位，汽压等变化过快	通知锅炉运行人员，按照化学试验测定结果，严格控制锅炉的运行状况
蒸汽减温器的喷水水质不良或是表面式减温器泄漏	查漏和堵漏，减温器的喷水水质合格后，方可使用
锅炉加药浓度太高或加药速度过快	降低锅炉加药的浓度或速度，严重时也可停止加药
汽水分离器效率低或各分离元件的接合处不严密有损坏处	停炉检修处理，汽水分离器的缺陷
化验药品有误	及时更换药品

注　发现蒸汽品质劣化时，应加强蒸汽品质的监督，及时通知锅炉运行人员，配合化学人员，做好运行工况的调整，如严重时，应向上级技术负责人及时汇报，必要时可以停炉。

143. 为什么直流炉要求更高的给水品质?

根据国内外对亚临界直流炉运行、试验的经验，各种盐类在炉内的表现大致如下：

(1) 钙、镁盐。钙、镁盐在蒸汽中的溶解度很小，即使给水中钙、镁离子达到饱和，蒸汽中的含量也很小，说明该种盐类大部分沉积在蒸发段内，故直流炉给水一般不允许存在硬度。

(2) 钠盐。一般情况下，NaCl 和 NaOH 绝大部分沉积在蒸发段内，但因其在蒸汽中有较大的溶解度，因此给水中的钠离子含量是由蒸汽中的允许量决定的，当蒸汽中含 10～20μg/kg 时将有 4～12μg/kg 沉积在汽轮机蒸汽通流部分。因此给水中钠离子一般小于 5μg/L。

(3) SiO_2。在达到亚临界参数以上，全部被蒸汽带走，只有在启动时可能形成少量硅酸钙沉积物。为避免汽轮机叶片积结硅垢，认为蒸汽中 SiO_2 必须小于 20μg/kg，因此要求给水中的 SiO_2 含量必须小于 20μg/kg。

(4) 铜。铜对于亚临界或超临界机组是一个突出的问题，给水中的铜以三种形态存在，即 Cu、CuO、Cu_2O，它们绝大部分均能溶于蒸汽中，其中以 CuO 的溶解度最大。被蒸汽溶出的铜选择性地沉积在高压叶片上，因此要求给水中的铜最好小于 2μg/kg。超临界机组直流锅炉最好采用无铜系统。

(5) 铁。铁在亚临界压力以上的直流炉内大部分沉积在蒸发段的管壁上，也有少量溶于蒸汽中，试验证明：当给水中铁含量为 60μg / L 时，蒸汽中为 45μg/kg ，给水铁下降至 10μg/L 时，蒸发段的沉积就不明显，因此，一般要求给水中铁含量最好小于 10μg/L 。

144. 提高蒸汽品质的措施有哪些?

蒸汽品质的好坏就是由饱和蒸汽中含杂质的多少决定的。这些杂质主要是气体和盐类，气体杂质为二氧化碳和氨，盐类杂质主要是钠盐和硅酸盐。通常，蒸汽污染主要是指蒸汽中含有的硅酸盐和钠盐等。其污染的主要原因是由机械携带和溶解携带引起的。一般钠盐是由机械携带引起的，而硅酸盐主要是由于溶解携带引起的。饱和蒸汽品质不良，就会引起过热蒸汽品质的不良。

（1）减少给水中的杂质，保证给水品质良好。

（2）合理地进行锅炉排污。连续排污可降低锅水的含盐量、含硅量，定期排污可排除锅水中的水渣。

（3）汽包中装设蒸汽净化设备，包括汽水分离装置，蒸汽清洗装置。

（4）严格监督汽、水品质、调整锅炉运行工况。各台锅炉汽、水监督指标是根据每台锅炉热化学试验确定的，运行中应保持汽、水品质合格。锅炉运行负荷的大小、水位的高低都应符合热化学试验所规定的标准。

145. 直流炉与汽包炉相比有哪些不同？其对水质有何特殊要求？

直流炉无汽包，因而不能进行炉内处理，水一次性流过它的炉管后就完全变为蒸汽。给水依靠给水泵产生的压力顺序流经省煤器、水冷壁、过热器时，便逐步地完成水的加热、蒸发和过热等阶段，最后全部变成过热蒸汽送出锅炉。

因此，给水中的盐类杂质一部分沉积在锅炉内，一部分带入汽轮机，沉积在蒸汽通流部分，还有一部分返回到凝结水中。因此直流炉对给水的品质要求十分严格，需达到与蒸汽质量相近的程度。

146. 超临界机组对蒸汽有些什么要求？

根据各种离子在汽水中的溶解度的变化情况和在不同部位沉积的可能性看，由于超临界和超超临界工况下过热蒸汽中的铜、铁氧化物的溶解度与亚临界相比有较大的提高，尤其是铜氧化物的溶解度从亚临界到超临界有一个急剧的提高，如给水中不加以严格限制，将会造成大量铜铁氧化物沉积于汽轮机的高压缸的通流部位。为了保证机组的安全运行，在对给水水质的要求上，铜、铁氧化物的标准将比亚临界直流锅炉有更高的要求。另外由于超临界和超超临界机组中奥氏体钢的使用量比亚临界机组有更大的提高，且与相同再热蒸汽温度的亚临界机组相比，低压缸末几级叶片的湿度增加，为了防止发生奥氏体钢的晶间腐蚀和汽轮机末几级叶片的腐蚀，对阴离子的含量也提出了较高的要求。

另外，为了解决钠盐的沉积、腐蚀对过热器、再热器及汽轮机产生的影响，必须控制蒸汽中的钠含量小于1μg/kg，才有可能控制二级再热器中形成的氢氧化钠浓缩液对奥氏体钢的腐蚀和锅炉停用时存在干状态的Na_2SO_4引起再热器的腐蚀。要想控制蒸汽中的钠含量小于1μg/kg，必须控制凝结水精处理出水水质的钠含量小于1μg/kg。因此，超临界和超超临界机组的水质控制对凝结水精处理系统提出了更高的要求。同时，如何确保凝汽器微泄漏的情况下系统仍能达到相应的水质，也是运行时应考虑的主要因素。

147. 汽包炉为何要进行锅炉排污？排污率是如何计算的？

锅炉排污的目的是降低锅炉水含盐量，防止蒸汽的污染。排污分定期排污和连续排污。定期排污的目的是定期排掉锅炉水中的沉积物，调整锅炉水水质，以弥补连续排污的不足。定期排污在汽包的最低点，主要是排除水渣。连续排污是连续不断地将含盐量较大的水排出，保持炉水的指标在合格的范围内。连续排污应根据给水含盐量和锅炉负荷的变化情况，随时调整连续排污量，保持锅炉水量的稳定。

排污率按下述公式计算：

$$P=\frac{\text{给水中某物质的含量}-\text{饱和蒸汽中某物质的含量}}{\text{锅炉水中某物质的含量}-\text{给水中某物质的含量}}\times 100\%$$

148. 汽水取样应注意的事项有哪些？

水、汽样品的采集是保证分析结果准确性的一个极为重要的步骤，取样要具有代表性，能够真实地反映热力设备和系统中水、汽质量的真实情况，为保证机组安全运行提供可靠的数据。

因此要合理地选择取样地点，正确地设计、安装和使用取样装置，正确存放样品，防止样品的污染。对于运行中汽水取样，应当注意下列事项：

（1）取样冷却器应定期检修和清除水垢。

（2）对取样管道应定期冲洗。

（3）给水、锅炉水、蒸汽等样品应保持长流。

（4）盛水样的采样瓶必须是硬质玻璃瓶或塑料瓶。

（5）测定水中某些不稳定成分时，应在现场取样，采样方法应按各测定方法中的规定进行。

（6）采集水样的瓶子上应贴标签、并及时化验。

149. 蒸汽含硅量含盐量不合格的原因有哪些？

造成蒸汽含硅量含盐量不合格的原因有：炉水、给水质量不合格，锅炉负荷、汽压、水位变化急剧，减温水水质劣化，锅炉加药控制不合理，汽、水分离器分离元件缺陷。

炉水磷酸根不合格的主要原因：加药量不合适，加药设备缺陷，冬季加药管冰冻，导致堵塞管路，负荷变化剧烈，排污系统故障，给水品质劣化，药液浓度不合适，凝汽器泄漏。

根据产生的原因，进行相应的处理：调整加药泵计量，联系检修，通知检修处理，加装保温层，根据负荷变化调整加药量，联系检修消除系统故障，调整炉内加药、加强排污，查找原因并进行处理，调整药液浓度，通知集控人员或汽轮机值班员，查漏、堵漏。

第二节　锅炉金属腐蚀与防护

150. 什么是金属的腐蚀？

由于材料与环境反应而引起材料的破坏或变质称为腐蚀。材料包括金属材料和非金属材料。金属腐蚀可定义为：由于金属与环境反应而引起金属的破坏或变质；或除了单纯机械破坏以外的金属的一切破坏；或金属与环境之间的有害反应。

金属腐蚀过程就是材料和环境的反应过程。环境一般指材料所处的介质、温度和压力等。电厂的热力设备在制造、运输、安装、运行和停运期间，会发生各种形态的腐蚀。了解热力设备腐蚀的相关知识，就是要认真分析热力设备腐蚀的特点，了解腐蚀产生的条件，找出腐蚀产生的原因，掌握腐蚀的防止方法。

151. 热力设备运行时，会产生哪些耗氧腐蚀?

决定耗氧腐蚀部位的因素是氧的浓度。凡是有溶解氧的部位，就有可能发生耗氧腐蚀。锅炉运行时，耗氧腐蚀通常发生在给水管道、省煤器、补给水管道、疏水系统的管道和设备及炉外水处理设备等。凝结水系统受耗氧腐蚀程度较轻，因为凝结水中正常含氧量低且水温较低。

锅炉正常运行时，给水中的氧一般在省煤器就消耗完了，所以锅炉本体不会遭受耗氧腐蚀。但当除氧器运行不正常时或在锅炉启动初期，溶解氧可能进入锅炉本体，造成汽包和下降管腐蚀；因为此时水冷壁内一般不可能有溶解氧腐蚀。在锅炉运行时，省煤器的入口段的腐蚀一般比较严重。

152. 锅炉水、汽系统容易发生哪些腐蚀? 如何防止?

(1) 氧腐蚀：金属在一定的条件下与溶于水的氧气作用而引起的腐蚀。防止的方法，是保证除氧器的正常运行，并向给水中加化学除氧剂，除去给水中的剩余氧。使进入锅炉的给水含氧量合格。加强锅炉机组在基建和停用期间的防腐保护工作。

(2) 沉积物下的腐蚀：锅炉受热面的金属表面附着水垢或水渣时，在其下面发生的严重腐蚀。防止的方法是：消除给水的腐蚀性，防止给水系统因腐蚀而使给水的铜、铁含量增高；减少锅炉水的游离 NaOH；尽量防止凝汽器铜管泄漏；新锅炉投运前，先用化学法清洗锅炉，锅炉运行一段时间后，要采取必要的清洗措施。

(3) 水蒸汽腐蚀：当过热蒸汽温度超过 450℃时，它与碳钢

发生化学反应，引起的腐蚀。防止的方法是：注意消除锅炉中倾斜度较小的管段，对过热器应采用合适的钢材，如耐热的奥氏体不锈钢。

（4）腐蚀疲劳。是受方向不同和大小不一的应力作用而产生裂纹的现象。防止的方法是，在锅炉安装和运行过程中消除金属局部应力。

（5）亚硝酸盐腐蚀。当有氧化性盐类（如亚硝酸盐）带入锅内时，就可能在水汽系统发生腐蚀。防止的方法是，采用化学法来净化补给水和在给水中加联氨或亚硫酸钠，将亚硝酸盐从给水中除去。

（6）苛性脆化。是指在浓度较高的苛性碱的作用下产生的，使金属产生晶间裂纹而发生脆化。防止方法是应消除炉水的浸蚀性，维持炉水相对碱度（即 NaOH/总含盐量）不超过 20%，同时还应避免局部应力。

153. 造成耗氧腐蚀的影响因素有哪些?

（1）水中氧的浓度的影响。在发生耗氧腐蚀的条件下，氧浓度增加与腐蚀成正比。例如，给水的含氧量比凝结水的含氧量高，所以给水系统的腐蚀比凝结水系统严重。疏水系统中由于疏水箱一般不密闭，因此耗氧腐蚀比较严重。

（2）水的 pH 的影响。当水的 pH 值小于 4 时，主要是酸性腐蚀。耗氧腐蚀作用相对来说影响比较小。当水的 pH 值为 4～9 时，钢腐蚀主要取决于氧浓度，随氧浓度增大而增大，与水的 pH 值关系很小。当水的 pH 值为 9～13 范围内，因钢的表面能生成较完整的保护膜，抑制了耗氧腐蚀。当水的 pH 值大于 13 时，钢的腐蚀产物为可溶性的铁的含氧酸盐，因而腐蚀速度急剧上升。

（3）水的温度的影响。在密闭系统中，当氧的浓度一定时，水温升高，铁的溶解反应速度和氧的还原速度增加，所以腐蚀加速。在敞口系统中，随温度的升高，氧向钢铁表面的扩散速度增快，而氧的溶解度下降，实验表明大约水温为80℃时，耗氧腐蚀速度最快。在凝结水系统中，由于凝汽器的除气作用，水中溶氧较低，水温也较低，所以耗氧腐蚀速度较小，但因凝结水系统中常有二氧化碳存在，pH值较低，同时存在酸性腐蚀而使腐蚀程度加深。

(4) 水中离子成分的影响。水中不同离子对腐蚀速度的影响很大，有的离子能减缓腐蚀，有的会加剧腐蚀。一般水中 H^+、硫酸根离子、盐酸根离子对钢的腐蚀起加速作用，因它们能破坏钢铁表面的氧化物保护层。水中浓度不是很大时，能促进金属表面保护膜的形成，因而能减轻腐蚀；而浓度过大时，则能破坏表面保护膜，使腐蚀加剧。

(5) 水的流速的影响。一般情况下，水的流速增大，氧达到金属表面的扩散速度增加，金属表面的滞流液层也变薄，钢铁耗氧腐蚀速度加快；当水流速度增大到一定程度，且溶解氧量足够时，金属表面可生成氧化保护层；水速再增大时，水流可因冲刷而破坏保护层，促使耗氧腐蚀。

要防止耗氧腐蚀，主要的方法是减少水中的溶解氧，或在一定条件下增加溶解氧。对于热力发电厂，因为天然水中溶有氧气，所以补给水中含有氧气。汽轮机凝结水中也有氧，因为空气可以从汽轮机低压缸、凝结器、凝结水泵或其他处于真空状态下运行的设备不严密处漏入凝结水。敞口的水箱、疏水系统和生产返回水中，也会溶入空气。可见，给水中必然含有溶解氧。通常，我们用给水除氧的方法来防止锅炉运行期间的耗氧腐蚀。

154. 给水除氧的方法有哪些?

给水除氧常采用热力除氧法和化学药剂除氧法。热力除氧法是利用热力除氧器将水中溶解氧除去，它是给水除氧的主要措施。化学药剂除氧法是在给水中加入还原剂除去热力除氧后给水中残留的氧，它是给水除氧的辅助措施。

(1) 热力除氧法。氧气和二氧化碳在水中的溶解度与水的温度、氧气或二氧化碳的压力有关。若将水温升高或使水面上氧气或二氧化碳的压力降低，则氧气或二氧化碳气在水中的溶解度就会减小而逸掉。当给水进入除氧器时，水被加热而沸腾，水中溶解的氧气和二氧化碳，就会从水中逸出并随蒸汽一起排掉。为了保证能比较好地把给水中的氧除去，除氧器在运行时，应做到以下几点：

1）水应加热到与设备内的压力相当的沸点，因此，需要仔细调节蒸汽供给量和水量，以维护除氧水经常处于沸腾状态。在运行中，必须经常监督除氧器的压力、温度、补给水量、水位和排气门的开度等。

2）补给水应均匀分配给每个除氧器，在改变补给水流量时，应使其波动不要太大。对运行中的除氧器，必须有计划地进行定期检查和检修，防止喷嘴或淋水盘脱落、盘孔变大或堵塞。必要时，对除氧器要进行调整试验，使之运行正常。

凝结水在进入除氧器时，形成一个圆锥形水膜进入除氧段空间。在这个空间中过热蒸汽与圆锥形水膜充分接触，迅速把凝结水加热到除氧器压力下的饱和点，绝大部分的非凝结气体在此段中被除去。该段被称为喷雾除氧段。

穿过喷雾除氧段的凝结水喷洒在淋水盘箱上的布水箱上的布水槽钢中。布水槽均匀地将水分配给淋水盘箱。淋水盘箱由多层排列的小槽钢上下交错布置而成。凝结水从上层的小槽钢两侧分别流入下层的小槽钢中，一层层交错流下去，共经过多层小槽钢，使凝结水在淋水盘箱中有足够停留时间且与过热蒸汽充分接触，使汽水交换面积达到最大值。流经淋水盘箱的凝结水不断再沸腾，凝结水中剩余的非冷凝气体在淋水盘箱中被进一步去除，使凝结水中含氧量达到锅炉给水标准要求（$\leqslant 7\mu g/L$）。该段被称为深度除氧段。凡是在喷雾除氧段中或深度除氧段中被除去的非冷凝气体均上升到除氧器上部特定排气管中排向大气。达到要求的除氧水从除氧器出口流入除氧水箱。

（2）化学除氧法。电厂中用作化学除氧药剂的有：亚硫酸钠

（Na_2SO_4）和联氨（N_2H_4）。亚硫酸钠只用作中压电厂的给水化学除氧剂，联氨可作为高压和高压以上电厂的给水化学除氧剂。联氨能与给水中的溶解氧发生化学反应，生成氮气和水，使水中的氧气得到消除。氮气是一种很稳定的气体，对热力设备没有任何害处。此外，联氨在高温水中能减缓铁垢或铜垢的形成。因此，联氨是一种较好的防腐防垢剂。

1）联氨与水中溶解氧发生反应的速度，与水的pH值有关。当水的pH值为9～11时，反应速度最大。为了使联氨与水中溶解氧反应迅速和完全，在运行时应使给水为碱性。当给水中残余的联氨受热分解后，就会生成氮气和氨。产生的氨能提高凝结水的pH值，有益于凝结水系统的防腐。但是，过多的NH_3会引起凝结水系统中铜部件的腐蚀。在实际生产中，给水联氨过剩量，应控制在20～50ppb之内。

2）给水氨处理。这种方法是向给水加入氨气或氨水。氨易溶于水，并与水发生下列反应使水呈碱性。由于氨水为碱性，能中和水中的CO_2或其他酸性物质，所以能提高水的pH值。一般给水的pH值应调整在8.5～9.2的范围内。

氨有挥发性，用氨处理后的给水在锅内蒸发时，氨又能随蒸汽带出，使凝结水系统的pH值提高，从而保护了金属设备。但是使用这种方法时，凝结水中的氨含量应小于2～3μg/L；氧含量应小于0.05μg/L。加到给水中的氨量，应控制在1.0～2.0μg/L的范围内。

155. 影响联氨反应的因素有哪些？有哪些注意事项？

（1）联氨和氧的直接反应，会生成水和氮气。为了使联氨和水中溶解氧的反应能进行得较快和较完全，以下因素对反应速度的会产生影响。

1）水的pH值。联氨在碱性水中才显强还原性，水的pH值在9～11之间时，反应速度最大，因而，若给水的pH值在9以上有利于联氨除氧的反应。

2）温度。温度越高，联氨和氧的反应越快。水温在100℃以下时，反应很慢；水温高于150℃时，反应很快。但是若溶解氧量在10μg/L以下时，实际上联氨和氧之间不再反应，即使提高温度也无明显效果。

3）催化剂。对苯二酚等化合物能催化联氨和氧的反应，而且只需加入极微小的量。因而若在联氨溶液中加入少量这类物质，则能大大加快联氨的除氧作用，甚至在温度较低的情况下也是如此。

对于高压以上机组为了取得良好的除氧效果，除氧器流出的给水温度一般已经高于150℃，给水pH值按运行规程中规定的参考值为9.3，所以能满足联氨处理所需要的较佳条件。

（2）使用联氨时，按下列要求进行相应的操作：

联氨的加入方法：将联氨配成0.1%～0.2%的稀溶液，用加药泵连续地把联氨溶液送到除氧器出口管，由此加入给水系统。联氨在高温高压下热分解产的氨会增加凝汽器铜管的腐蚀。一般正常运行中控制省煤器入口处给水中N_2H_4，过剩量为50μg/L。联氨不仅与氧反应，还能与铁、铜氧化物反应，所以在锅炉启动阶段，由于的铁、铜氧化物较多，而且N_2H_4还要消耗一部分在给水系统金属表面的氧化物上，应加大联氨的加药量，一般控制在100μg/L，待到省煤器入口处给水有剩余N_2H_4出现时，逐渐减少药量，直到正常运行控制值。联氨处理所用药剂一般为含40%联氨的水合联氨溶液，也可能用更稀一些的。

联氨一般加在高压除氧器水箱出口的给水泵管中，通过给水泵的搅动，使药液和给水均匀混合。除氧器正常运行时，其出水的溶解氧含量已经很低，一般小于10μg/L，温度又在270℃以下，此时N_2H_4与溶解氧之间的反应很慢，所以实际上省煤器入口处给水中的溶解氧含量不会有明显降低。为了使联氨与氧作用时间长些，并且利用联氨的还原性减轻低压加热管的腐蚀，可以把联氨的加入点设置在凝结水泵的出口。

（3）联氨的安全注意事项有以下内容：

联氨具有挥发性、易燃、有毒。市售联氨溶液的浓度为80%，这种联氨浓溶液应密封保存在露天仓库中，其附近不允许有明火。搬运或配制联氨溶液的工作人员，应配戴眼镜、口罩、胶皮手套等防护用品。若药品溅入眼中，应立即用大量清水冲洗；若溅到皮肤上，可先用乙醇洗患处，然后用水冲洗，也可以用肥皂洗。

156. 热力设备在停用后会产生哪些腐蚀?

1. 停用腐蚀产生的原因

在锅炉、汽轮机、凝汽器、加热器等热力设备停运期间，如果不采取有效的保护措施，设备金属表面会发生强烈的腐蚀，这种腐蚀就称为热力设备的停用腐蚀。火力发电厂常因停运后的防腐措施不足或方法不当，造成锈蚀、腐蚀和损坏（尤其是水汽侧的腐蚀），对电厂的安全经济运行造成严重影响。

（1）水汽系统内部有氧气，热力设备停用时，水汽系统内部的温度和压力逐渐下降，蒸汽凝结。停运后，空气从设备不严密处或检修处大量渗入设备内部，带入的氧溶解在水中。

（2）金属表面有水膜或金属浸于水中。由于停运放水时，不可能彻底放空，因此有的部位仍有积水，使金属浸于水中。积水的蒸发或潮湿空气的影响，使水汽系统内部湿度很大。就这样在潮湿的金属表面形成耗氧腐蚀原电池作用，使金属迅速生锈。

2. 停用腐蚀的特征

（1）锅炉停用时的耗氧腐蚀，与运行时的耗氧腐蚀相比，在腐蚀部位、腐蚀严重程度、腐蚀形态、腐蚀产物颜色、组成等方面都有明显不同。因为停炉时，氧可以扩散到各个部位，因此几乎锅炉的所有部位均会发生停炉耗氧腐蚀。

1）过热器。运行时不发生耗氧腐蚀，停炉时，立式过热器的下弯头常有严重的耗氧腐蚀。

2）再热器。运行中不会有耗氧腐蚀，停用时在积水部位有严重腐蚀。

3）省煤器。运行中出口腐蚀较轻，入口段腐蚀较重。停炉时，整个省煤器均有腐蚀，且出口段腐蚀更严重。

4）水冷壁管、下降管和汽包。锅炉运行时，只有当除氧器运行不正常时，汽包和下降管中才会有耗氧凡是，水冷管是不会有耗氧腐蚀的。停炉时，汽包、下降管、水冷壁中均会遭受耗氧腐蚀，汽包的水侧腐蚀严重。

（2）汽轮机的停用腐蚀，通常在喷嘴和叶片上出现，有时也在转子叶轮和转子本体上发生。停机腐蚀在有氯化物污染的机组上更严重。

停用时耗氧腐蚀的主要形态是点蚀，形成的腐蚀产物表层常黄褐色，其附着能力低，疏松，易被水带走。

3. 停用腐蚀会造成的危害

（1）在短期内即使停用设备也会遭到大面积破坏，甚至腐蚀穿孔。

（2）加剧热力设备运行时的腐蚀。停用腐蚀的腐蚀产物在锅炉再启动时，进入锅炉，促使锅炉炉水浓缩腐蚀速度增加，以及造成炉管内摩擦阻力增大，水质恶化等。停机时，汽轮机中的停用腐蚀部位，可能成为汽轮机应力腐蚀破裂或腐蚀疲劳裂纹的起源。

157. 停用腐蚀的影响因素有哪些?

影响热力设备停用腐蚀的因素，对放水停用的设备，其停用腐蚀类似大气腐蚀中的情况，影响因素有温度、湿度、金属表面水膜成分和金属表面的清洁程度等。对充水停用的，金属浸于水中，影响因素有水温、水中溶解氧含量、水的成分以及金属表面的清洁程度等。

（1）湿度。对放水停用的设备，金属表面的潮气对腐蚀速度影响大。因为在有湿分的大气中，金属腐蚀都是表面有水膜时的电化学腐蚀。大气中湿度大，易在金属表面结露，形成水膜，造成腐蚀增加。在大气中，各种金属都有一个腐蚀速度呈现迅速增大的湿度范围，湿度超过这一临界值时，金属腐蚀速度急剧增加，而低于此值，金属腐蚀很轻或几乎不腐蚀。

对钢、铜等金属此“临界相对湿度”值在50%～70%之间。当热力设备内部相对湿度小于35%时，铁可完全停止生锈。实际上如果金属表面无强烈的吸湿剂沾污，相对湿度低于60%时，铁的锈蚀即停止。

（2）含盐量。水中或金属表面水膜中盐分浓度增加，腐蚀速度增加。特别是氯化物和硫酸盐含量增加使腐蚀速度上升很明显。汽轮机停用时，若叶片等部件上有氯化物沉积就会引起腐蚀。

（3）金属表面清洁程度。当金属表面有沉积物或水渣时，妨碍氧扩散进去，所以沉积物或水渣下面的金属电位较负，成为阳极；而沉积物或水渣周围，氧容易扩散到的金属表面，电位较正，成为阴极。由于这种氧浓度差异原电池的存在，使腐蚀增加。

158. 对热力设备的停用保护有哪些措施?

为保证热力设备的安全运行，热力设备在停用或备用期间，必须采用有效的防锈蚀措施，以避免或减轻停用腐蚀。按照保护方法或措施的作用原理，停用保护方法可分为三类：

一是阻止空气进入热力设备水汽系统内部。其实质是减少起金属腐蚀剂作用的氧的浓度。这类方法有充氮法、保持蒸汽压力法等。

二是降低热力设备水汽系统内部的湿度。其实质是防止金属表面凝结水膜，形成电化学腐蚀电池。这类方法有烘干法、干燥法等。

三是使用缓蚀剂，减缓金属表面的腐蚀；或加碱化剂，调整保护溶液的 pH 值，使腐蚀减轻。所用药剂有氨、联氨、气相缓蚀剂、新型除氧一钝化剂等。这类方法的实质是使电化学腐蚀中的阳极或阴极反映阻滞。

159. 如何选择合适的停用保养方法?

（1）停用保养方法的确定。

对热力设备的停用保养方法，要根据热力设备的不同情况，首先要根据机组的参数和类型。首先要考虑锅炉的类别。直流炉对水质要求高，只能用挥发性药品保护，如联氨和氨或充氮保护；汽包炉则既可以用挥发性药品，也可以用非挥发性药品。其次是考虑机组的参数。对高参数机组，因对水质要求高，因而汽包炉机组也使用联氨和氨做缓蚀剂。同时，高参数机组的水汽系统结构复杂，机组停用放水后，有些部位不易放干，所以不宜采用干燥剂法。

（2）停用时间的长短。

停用时间不同，所选用的方法也不同。对热备用状态的锅炉，必须考虑能随时投入运行，因此所采用的方法不能排掉炉水，也不能改变炉水成分，所以一般采用保持蒸汽压力法。对于短期停用机组，要求短期保护以后能投入运行，锅炉一般采用湿式保护，其他热力设备可以采用湿式保护，也可采用干式保护。对于长期停用的机组，要求所用保护方法防锈蚀作用持久，一般可用湿式保护，如加联氨和氨，或用于干式保护，如充氮法。

（3）现场条件的制约。

选择保护方法时，要考虑现场条件。现场条件包括设计条件、给水的水质、环境温度和药品来源等。如采用湿式保护的各种方法时，在寒冷地区均需考虑药液的防冻。

在选择停用保护方法时，必须充分考虑机组的特点，才能选择合适的药品或恰当的保护方法也只有在充分考虑到需要保护的时间的长短，才能选择出既有满意的防锈蚀效果，又方便机组启动的保护方法。

160. 锅炉停用保护方法有哪些?

锅炉停用保护方法较多，这里介绍几种常用的效果较好的方法。锅炉停用保护方法分：干式保护法、湿式保护法以及联合保护法。

干式保护法有：热炉放水余热烘干法、负压余热烘干法、邻炉热风烘干法、充氮法、气相缓蚀剂法等。湿式保护法有：氨水法、氨一联氨法、蒸汽压力法、给水压力法等。联合保护法有：充氮或充蒸汽的湿式保护法。

（1）热炉放水余热烘干法。热炉放水是指锅炉停运后，压力降到 0.5～0.8MPa 时，迅速放尽锅内存水，利用炉膛余热烘干受热面。若炉膛温度降到 105℃，锅内空气湿度仍高于 70%，则锅炉点火继续烘干。此法适用于临时检修或小修锅炉时，停用期限一周以内。

负压余热烘干法。锅炉停运后，压力降到 0.5～0.8MPa 时，迅速放尽锅内存水，然后立即抽真空，加速锅内排出湿气的过程，并提高烘干效果。此保护法适用于锅炉大、小修时，停运期限可长至 3 个月。

（2）邻炉热风干燥法。热炉放水后，将正在运行的邻炉的热风引入炉膛，继续烘干水汽系统表面，直到锅内空气湿度低于 70%。此法适用于锅炉冷态备用，大、小修期间，停用期限 1 个月以内。

（3）充氮法。当锅炉压力降到 0.3～0.5MPa 时，接好充氮管，待压力降到 0.05MPa 时，充入氮气并保持压力 0.03MPa 以上。氮气本身无腐蚀性，它的作用是阻止空气漏入锅内。此法适用于长期冷态备用的锅炉的保护。停用期限可达 3 个月以上。

（4）气相缓蚀剂法。锅炉烘干，锅内空气湿度小于 90%时，向锅内充入气化了的气相缓蚀剂。待锅内气相缓蚀剂含量达 $30g/m^2$ 时，停止充气，封闭锅炉。此法适用于冷态备用锅炉。一般使用期限为 1 个月，但实际经验报道，有的机组用此法保护长达一年以上。

（5）气相缓蚀剂，如碳酸环己胺、碳酸胺等，它们具有较大挥发性，溶于水后能解离出具有缓蚀性能的保护性基团的化合物。气相缓蚀剂应具备如下的基本特点：化学稳定性高；有一定蒸汽压，以保证充满被保护设备的各个部位，还应能保留较长时间；在水中有一定溶解度；有较高的防腐能力。

（6）蒸汽压力法。有时锅炉因临时小故障或外部电负荷需求情况而处于热备用态状态，需采取保护措施，但锅炉必须随时再投入运行，所以锅炉不能放水，也不能改变炉水成分。在这种情况下，可采用蒸汽压力法。其方法是：锅炉停用后，用间歇点火方法，保持蒸汽压力大于0.5MPa，一般使蒸汽压力达0.98MPa，以防止外部空气漏入。此法适用于一周以内的短期停用保护，耗费较大。

（7）给水压力法。锅炉停运后，用除氧合格的给水充满锅内，保持给水压力0.5～1.0MPa，并保证一定量的溢流量，以防空气漏入。此法适用于停用期一周以内的短期停用锅炉的保护。保护期间定期检查锅内水压力和水中溶解氧的含量，如压力不合格或溶解氧大于7μg/L，应立即采取补救措施。

（8）氨水法。锅炉停用后放尽锅内存水，用氨溶液作防锈蚀介质充满锅炉，防止空气进入。使用的氨液浓度为500～700mg/L。氨液呈碱性。加入氨，使水碱化到一定程度，有利于钢铁表面形成保护层，可减轻腐蚀。因为浓度较大的氨液对铜合金有腐蚀，因此使用此法保护前应隔离可能与氨液接触的铜合金部件。解除设备停用保护、准备再启动的锅炉，在点火前应加强锅炉本体到过热器的反冲洗。点火后，必须待蒸汽中氨含量小于2mg/kg时，方可并汽。此法可适用于停用期为一个月以内的锅炉。

（9）氨－联氨法。锅炉停用后，把锅内存水放尽，充入加了联氨并用氨调pH值的给水。保持水中联氨过剩量200mg/L以上，水的pH值为10～10.5。此法保护锅炉，其停用期可达3个月以上。所以适用于长期停用、冷备用或封存的锅炉的保护。当然也适用于3个月以内的停用保护。在保护期，应定期检查联氨的浓度和pH值。

氨－联氨法在汽包炉和直流炉上都采用，锅炉本体、过热器均可采用此法保护。但中间再热机组的再热系统不能用此法保护，因为再热器与汽轮机系统连接，用湿式保护法，汽轮机有进水的危险。再热器系统可用干燥热风保护。此法是高参数大容量机组普遍采用的保护方法。

应用氨一联氨法保护的机组再启动时，应先将氨一联氨水排放干净，并彻底冲洗。锅炉点火后，应先向空排汽，直至蒸汽中氨含量小于 2mg/kg 时才可送汽，以免氨浓度过大而腐蚀凝汽器铜管。对排放的氨一联氨保护液要进行处理后才可排入河道，以防污染。由于氨一联氨液保护时，温度为常温条件，所以联氨的主要作用不是直接与氧反应而除去氧，而是起阳极缓蚀剂或牺牲阳极的作用。因而联氨的用量必须足够。

（10）联合保护法。联合保护法是最主要的保护法，因但靠一种保护法是很难卓有成效地防止锅炉的停用腐蚀。联合保护法中最常用的是充氮或充蒸汽的湿式保护法。其方法是：在锅炉停运后，未完成炉内换水，充入氮气，并加入联氨和氨，使联氨量达 200mg/L 以上，水的 pH 值达 10 以上，氮压保持 0.03MPa 以上。若保护期较长，则联氨量还需增加。

锅炉从锅筒至高压过热器、高压再热器出口设置了多条放气充氮管路，以便为停用较长时间而采用充氮或其他方法保养。

161. 其他热力设备的停用保护方法有哪些?

（1）汽轮机和凝汽器的停用保护方法。汽轮机和凝汽器在停用期间，采用干法保护。首先必须使汽轮机和凝汽器停运后内部保持干燥。为此，凝汽器在停用以后，先排水，使其自然干燥，如底部积水可以采用吹干的办法除去，凝汽器内部可以放入干燥剂。

（2）加热器的停用保护方法。

1）低压加热器的管材一般是铜管，所以可以采用干法保养或充氮气保养。

2）高压加热器所用管材一般为钢管，停用保护方法为充氮保养或加联氨保养。加联氨保养时，联氨溶液的浓度视保养时间长短不同，pH 值用氨调至大于 10。

（3）除氧器的停用保护方法。

除氧器若停用时间在一周以内，通热蒸汽进行热循环，维持水温大于106℃。若停用时间在一周以上至3个月以内，采用把水放空、充氮气保养的方法，或采用加联氨溶液，上部充氮气的保养方法。若停用时间在3个月以上，采用干式保养，水全部放掉，水箱充氮气保养。

162. 二氧化碳为什么会对热力设备产生腐蚀？

含有二氧化碳的水溶液对钢材的侵蚀性比同样pH值的完全电离的强酸溶液（如盐酸溶液）更强。钢铁在无氧的二氧化碳水溶液中的腐蚀速度取决于钢表面上的氢气的析出速度，析出速度大则腐蚀速度快。

（1）形成二氧化碳腐蚀的原因。

水汽系统中，发生溶解在水中的游离CO_2腐蚀比较严重的部位是在凝结水系统。因为给水中的碳酸化合物在锅炉水中分解产生的二氧化碳随蒸汽进入汽轮机，随后虽有一部分在凝汽器抽气器中被抽走，但仍有部分溶入凝结水中。由于凝结水水质较纯，缓冲性较小，溶入少量的二氧化碳就会使它的pH值显著下降。此外，疏水系统、除氧器后的设备也会受到二氧化碳的腐蚀。

（2）影响二氧化碳腐蚀速度的因素。

1）水中的游离二氧化碳的含量。钢铁的腐蚀速度随溶解二氧化碳量的增多而增大。

2）温度。在温度较低时，随温升腐蚀加剧；在100℃附近，腐蚀速度最快；温度再高，腐蚀速度反而下降。

3）介质的流速。随着流速的增大，腐蚀速度增大，但当流速增大到流动状况已成紊流时，腐蚀速度不再随流速变化而变。

4）溶解氧。溶解氧的存在使腐蚀会加速。

5）金属材质。一般说增加合金元素铬的含量，可耐二氧化碳腐蚀。

（3）减轻二氧化碳腐蚀的方法。

为了防止或减轻水系统中游离二氧化碳对热力设备及管道金属材料的腐蚀，除了选用不锈钢来制造某些部件外，应减少进入系统的二氧化碳和碳酸盐量。

1）降低补给水的碱度。

2）尽量减少汽水损失，降低系统的补给水率。

3）防止凝汽器泄漏，提高凝结水质量。

4）注意防止空气漏入水汽系统，提高除氧器的效率，减少水中溶解氧含量。此外为了减少系统中二氧化碳腐蚀的程度，还普遍采取向水汽系统中加入碱化剂（如 NH_3）来中和游离二氧化碳的措施。

163. 产生热力设备腐蚀物质的来源有哪些?

（1）碳酸化合物。

热力设备中碳酸化合物主要来源于锅炉补给水，其次是凝汽器有泄漏时，漏入汽轮机凝结水的冷却水带入的，主要是碳酸氢盐。

碳酸化合物进入给水系统后，在除氧器中，碳酸盐会热分解一部分，碳酸盐也会部分水解，放出二氧化碳：热力除氧器能将水中的大部分二氧化碳除去。碳酸氢盐和碳酸盐的分解需较长时间，当它们进入锅炉后，随温度和压力的增加，几乎能完全分解成二氧化碳。生产的二氧化碳随蒸汽进入汽轮机和凝汽器，在凝汽器中会有一部分二氧化碳被凝汽器抽气抽走，但仍有相当部分二氧化碳溶入汽轮机凝结水，使凝结水受二氧化碳污染。

（2）二氧化碳。

水汽系统中二氧化碳主要来源是由真空状态运行的设备不严密处漏入的空气，这会使凝结水中二氧化碳含量增加。

（3）有机物。

在水汽循环系统中存在有机物溶解物质，这些有机物都会在高压高温下产生酸性物质。天然水中的有机物在经过补给水处理

系统后，大约能去除约 80%，但仍有一部分有机物会进入给水系统；而由于凝汽器的泄漏，冷却水中的有机物质也会直接进入水汽系统。这些有机物杂质在锅炉内高温高压条件下分解，使得水汽系统中酸性物质增多。

164. 有机物对热力设备有哪些影响和危害?

水汽循环系统中酸性物质的来源有机物占了很大一部分，有些有机物能在炉管管壁上生成碳质沉积物，这种沉积物传热性能差而且很难清除，常导致金属过热和爆管事故。

有机物在高温作用下产生挥发性酸，当这种挥发性酸进入汽轮机时会引起汽轮机内部腐蚀，造成巨大经济损失。

有机物在锅内分解，产生酸性物质，使炉水 pH 值偏低，引起锅炉水冷壁结垢和腐蚀，主要是磷酸亚铁钠垢和脆性腐蚀。锅炉发生严重的结垢腐蚀和脆性损坏的原因可能是多方面的，而磷酸亚铁钠垢的产生主要在于锅炉水中磷酸盐存在的形态如何，炉水中磷酸盐的形态是与锅炉水 pH 值有关的，所以炉水的 pH 值不可偏低。

以除盐水作补给水的锅炉，在任何情况下都应保持炉水（25℃）pH 值大于 9，这样就可以避免发生水冷壁管的脆性腐蚀。为了保证炉水（25℃）pH 值大于 9，要尽可能地多使给水中的有机物减少。在炉水处理方面应该投加纯净的工业磷酸盐碱性溶液，必要时可同时添加适量的纯净 NaOH 溶液，最好使炉水（25℃）pH 值为 9.3～9.5。

165. 对给水的 pH 值进行调节，有些什么具体的措施?

为了防止或减轻给水的腐蚀性，如果机组采用碱性水运行，除了尽量减少给水中的溶解氧含量外，还需要调节给水的 pH 值。所谓给水的 pH 值调节，就是往给水中加入一定量的碱性物质，控制给水的 pH 值在适当的范围，使钢和铜合金的腐蚀速度比较低，以保证给水含量和含铜量符合规定的指标。

试验证明 pH 值在 9.5 以上可减缓碳钢的腐蚀，而 pH 值在

8.5～9.5之间，铜合金的腐蚀较小。因此对钢铁和铜合金混用的热力系统，为兼顾钢铁和铜合金的防腐蚀要求，一般将给水的pH值调节在8.8～9.3之间。应该指出的是，这将使处理凝结水的混床设备及其他阳离子交换设备的运行周期缩短，并且从保护钢铁材料不受腐蚀来说，这个范围并非最佳，应该更高一些。

目前给水加氨处理是火力发电厂较为普遍的调节给水pH值的方法。给水加氨处理的实质是用氨来中和给水中的游离二氧化碳，并碱化介质，把给水的pH值提高到规定的数值。

尽管给水采用加氨处理调节pH值，防腐效果十分明显，但因氨本身的性质和热力系统的特点，也存在着不足之处。

(1) 由于氨的分配系数较大，所以氨在水汽系统中各部位的分布位置不均匀。所谓“分配系数”，是指水和蒸汽两相共存时，一个物质在蒸汽中的浓度同与此蒸汽接触的水中的浓度的比值，它的大小与物质本身性质和温度有关。例如，在90～110℃，氨的分配系数在10以上。这样为了在蒸汽凝结时，凝结水中也能有足够高的pH值，就要在给水中多加氨。但这也会使凝汽器的空冷区蒸汽中的氨含量过高，使空冷区的铜管易受氨腐蚀。

(2) 氨水的电离平衡受温度影响较大。如果温度从25℃升高至270℃，氨的电离常数则从1.8×10^{-5}降到1.12×10^{-5}，因此使水中OH^-的浓度降低。这样，给水温度较低时，为中和游离CO_2和维持必要的pH值所加的氨量，在给水温度升高后就显得不够，不足以维持必要的给水pH值，造成高压加热器碳钢管腐蚀加剧，给水中Fe^{2+}增加。

所以，不能以氨处理作为解决给水因含游离CO_2而pH值过低问题的唯一措施，而应该首先尽可能地降低给水中碳酸化合物的含量，以此为前提，进行加氨处理，以提高给水的pH值，这样氨处理才会有良好的效果。

第三节 锅炉及热力设备结垢与积盐处理

166. 水垢和水渣对热力设备运行有何危害？

（1）水垢对锅炉的危害。锅炉受热面无论积存何种水垢都是十分有害的，其主要原因是由于水垢的导热性差，仅为钢板的十分之一到千分之一。水垢的形成对热力设备带来如下危害：

1）浪费燃料。据测定，水垢厚度为1.5mm时，就要多消耗6%的燃料；水垢为5mm时，就要多消耗15%的燃料；当水垢为8mm时，则要多消耗34%的燃料。

2）影响安全运行。由于水垢的导热性差，金属表面的热量不能很快地传递，因而使金属受热面的温度大为提高，引起强度显著降低，造成结垢部位的管壁过热变形、鼓包、裂纹、甚至爆破，威胁安全生产。

3）影响水循环。若水冷壁内结垢，使流通截面积变小，增加了流通阻力，严重时会堵塞管子，破坏水循环。

4）缩短锅炉的使用寿命。由于水垢的结存，会引起锅炉金属的腐蚀，必须停炉定期除垢，缩短了锅炉运行时间，消费大量人力、物力。当采用机械与化学方法除垢时，会使受热面受到损伤，因而缩短锅炉使用年限。

（2）水渣对锅炉的危害。炉水中水渣太多，会影响锅炉的蒸汽品质，而且还有可能堵塞炉管，威胁锅炉的安全运行，所以采用锅炉排污的办法及时将水渣排掉。此外，为了防止生成二次水垢，应尽可能避免生成磷酸镁和氢氧化镁水渣。

167. 超超临界机组结垢、结盐有些什么特点？

超临界和超超临界工况下，当给水水质不纯时，由给水带入的钙、镁离子、部分铁氧化物将沉积在水冷壁管上而影响锅炉的安全运行。绝大部分的钠化物、硅化合物、强酸阴离子、铜氧化物和部分的铁氧化物将溶解于过热蒸汽中被带入汽轮机。随着过热蒸汽在汽轮机中作功后蒸汽压力和温度的下降，杂质在蒸汽中的溶解度也会不断下降，原溶解于过热蒸汽中的铜氧化物和铁氧化物及部分钠化物就会沉积在汽轮机高压缸的通流部分，硅化合物和部分钠化物就会沉积在汽轮机低压缸的通流部分而影响汽轮机的效率。强酸阴离子部分可能会随阳离子沉积在汽轮机叶片上，而不沉积在汽轮机叶片上的部分强酸阴离子就有可能溶解在汽轮机低压缸的初凝结区的液滴内，对该部位的叶片及金属部件产生应力腐蚀、点蚀或产生腐蚀疲劳裂纹。在上述沉积物中，最常见的是 Na_2S0_4 和 NaOH，这类物质溶解在蒸汽中后，会对后续的过热器、再热器及汽轮机产生腐蚀影响。

168. 锅内结垢生成在哪些部位?

(1) 水垢的形成及其危害。锅炉管壁上产生的坚硬附着物，称为水垢。产生水垢的原因是由于凝汽器不严、生水漏入凝结水中或水处理工作异常等，都可能增加锅炉水中的硬度以及其他杂质。这些杂质在锅炉运行条件下，就会附着在管壁上并逐渐形成坚硬的水垢。

水垢比金属的导热能力小几百倍。因此，锅炉产生水垢就会造成热损失，浪费大量燃料，同时也可以使金属发生局部过热，造成设备损坏。水垢，还能引起沉积物下的金属腐蚀，危及锅炉安全运行。

(2) 水垢的分类及其生成的部位。水垢按其主要化学成分，分为钙、镁水垢，硅酸盐水垢，氧化铁垢，磷酸盐铁垢和铜垢等。

不同类的水垢生成的部位不同：钙、镁碳酸盐水垢容易在锅炉省煤器、加热器、给水管道等处生成；硅酸盐水垢主要沉积在热负荷较高或水循环不良的管壁上；氧化铁垢最容易在高参数和大容量的锅炉内发生，这种铁垢生成部位，绝大部分是发生在水冷壁上升管的向火侧、水冷壁上升管的焊口区以及冷灰斗附近；磷酸盐铁垢，通常发生在分段蒸发锅炉的盐段水冷壁管上；铜垢主要生成部位是热负荷很高的炉管处。

169. 汽轮机中的设备结垢积盐对运行有何危害?

(1) 降低了汽轮机的效率，增加了汽轮机的汽耗量。

(2) 由于结垢，汽流通道变窄，隔板前后压差增大，叶片的反动力也随之增加，严重者会使隔板及推力轴承过负荷。

(3) 盐垢附着在汽门杆上，容易使汽门杆产生卡涩，动作失灵。

(4) 蒸汽中的杂质在汽轮机内冷凝后所形成的水滴或沉积物均具有腐蚀性，腐蚀所发生的部位往往是汽轮机内蒸汽开始凝结区及稍前一点的部位；金属及蒸汽温度接近腐蚀物熔点的部位。

(5) 杂质如果是固体颗粒状，则将损坏汽轮机的汽门、喷嘴、叶片等部位。还会侵蚀汽轮机的前几级叶片；水分对汽轮机的后几级具有较强的侵蚀作用。

为了获得较好的蒸汽品质，减少结垢积盐现象的发生，对于运行人员而言，应该从以下方面采取措施：选择合适的补给水处理设备，提高给水品质；做好凝汽器铜管的防腐工作，严格防止凝汽器泄漏，并对凝结水进行100%的处理；做好给水进行碱性处理，防止铜铁材料的腐蚀；认真做好锅炉热化学试验，寻求最佳的运行工况。

170. 防止锅内产生水垢的措施有哪些?

防止锅内产生水垢的主要措施是做好补给水的净化工作，消除凝汽器的泄漏，保证给水品质良好。此外，汽包锅炉还要对锅内的水进行处理。

(1) 锅内水处理原理。锅内水处理是把化学药品加进运行锅炉的水中或给水中，防止在锅内发生水垢。锅内水处理一般分为碱性处理和中性处理。目前普遍采用的是磷酸三钠的碱性处理。生成的碱式磷酸钙沉淀呈泥渣状，可随锅炉排污排掉。

(2) 处理方法。处理方法是将浓度为1%～5%的磷酸钠溶液，用加药泵连续地加入给水中，或用高压加药泵加到汽包的锅炉水中。

加到锅炉水中的药量应适当。药量不足时，锅炉水中的钙、镁就会形成水垢；药量过多时，又会产生黏着性的磷酸镁，或者引起蒸汽品质不良。

171. 凝汽器泄漏的监督及处理措施有哪些？

由于凝汽器的泄漏以至大量循环冷却水中的杂质进入凝结水中，造成凝结水的污染，并随给水进入锅炉，使炉水水质恶化，主要会对炉水造成以下不良影响：

（1）引起炉水含盐量急剧上升，加速水冷壁管结垢。

（2）炉水 pH 值下降，容易发生氢脆爆管。

（3）炉水含盐量较高时会影响蒸汽品质，严重时会造成汽轮机叶片大量积盐。

为除掉炉水中的这些杂质必须要增加锅炉排污量，也必定会增加机组的补给水率，同时也会增加机组的煤耗。所以，在监督手段上每台机组的凝结水都安装了在线导电度表及钠表，对凝结水水质进行连续监测。根据凝汽器泄漏时的实际情况，对凝结水水质出现异常时按以下要求进行处理：

（1）当凝结水中钠离子达到一级处理值时，应加强对凝结水、给水、炉水的水质分析，及时调整加药量，适当增加锅炉的排污量。

（2）当凝结水中钠离子达到二级及以上处理值时，在做好上述工作外，还应及时与发电部值长联系，往循环水中加木屑进行堵漏处理。

（3）当凝结水中硬度＞$5\mu mol/L$ 时，检修在运行中进行隔离查漏。

（4）当凝结水中硬度＜$5\mu mol/L$，但泄漏持续时间较长时，检修也安排在运行中进行隔离查漏；有条件时安排停机利用压水查漏等手段进行处理。

（5）每次机组大、小修中都要安排凝汽器压水查漏。

当凝结水中钠离子＞400μg/L 时，机组减负荷运行，检修人员在 0.5 h 内将漏点隔离掉，否则紧急停机处理。

172. 为了防止结垢、腐蚀和积盐，水汽质量监督的措施有哪些?

为了防止结垢、腐蚀和积盐，对水质、汽质应当进行充分的监督，达到一定的质量标准。水汽质量监督就是用仪表或化学分析法测定各种水汽品质，看其是否符合标准，以便必要时采取措施。

（1）蒸汽监督措施。蒸汽纯度标准制定原则：尽量减少杂质以保护汽轮机，所要求的蒸汽纯度应是能够达到的，杂质含量应是可以监测的。

为了防止蒸汽通流部分，特别是汽轮机内积盐，必须对锅炉生成的蒸汽品质进行监督。对汽包锅炉的饱和蒸汽和过热蒸汽品质都应进行监督，其原因为：便于检查蒸汽品质恶化的原因；可以判断饱和蒸汽中盐类在过热蒸汽中的沉积量。

蒸汽标准中有以下指标要进行控制。含钠量；含硅量；氢离子交换后电导率；含铁量、含铜量。参数越高的机组，对蒸汽品质的要求越严格。

（2）锅炉水。为了防止锅内结垢、腐蚀和产生的蒸汽品质不良等问题，必须对锅炉水水质进行监督。

（3）给水。为了防止锅炉给水系统腐蚀、结垢，并且为了能在锅炉排污率不超过规定数值的前提下，保证炉水水质合格，对给水水质必须进行监督。

（4）汽轮机凝结水。为了保证锅炉给水的水质，对于给水各组成部分的水质也应监督。

173. 对于热力设备结垢、积盐与腐蚀，有哪些防治措施?

热力系统的结垢、积盐与腐蚀严重危害电厂安全经济运行，对于火力发电厂而言，提出切实有效的防治结垢、积盐及腐蚀的措施有着重要的意义。

（1）完善水处理工艺、加强汽水品质监督。

为了防止热力系统的结垢、积盐和腐蚀，要保证水处理过程的完善和水化学工况的得当。采用除盐水作为补给水、凝结水投入精处理，是保证给水水质纯净的前提；在此前提下，采用氧化性水工况可以有效地减轻高参数机组的结垢、积盐和腐蚀。

另外，加强汽水品质的监测，对水汽指标从严管理，是保证电厂汽水品质优良，从而防止结垢、积盐和腐蚀的重要手段。

（2）提高凝汽器密封性、防治凝汽器泄漏。

在凝汽式电厂中，凝汽器铜管如发生泄漏不仅会带入大量的盐类、固形物，造成热力系统结垢和垢下腐蚀，同时还带入大量的氧、CO_2 等不凝气体，造成系统氧和 pH 值不合格，从而导致腐蚀，使给水铜、铁超标，且进一步引起水冷壁结垢腐蚀。

目前，世界上对凝汽器铜管防磨、防漏、堵漏尚无满意的技术手段。因此，加强管理，充分利用现有技术和方法尽量缓减铜管的磨损腐蚀，延长更换周期和减少凝汽器的泄漏尤为重要。具体的措施主要有向循环冷却水中添加水质稳定剂并进行杀菌除藻等处理；对凝结水水质进行连续监测，一旦出现凝结水水质异常立即采取相应措施，必要时进行停机检查和清洗。

（3）加强排污管理、定期化学清洗。

锅炉排污的控制是锅炉水处理的一个重要的组成部分，严格监督和控制排污的次数、时间和每次的排污量，做到合理排污对保持锅水品质、防止锅炉结垢以及节约能源有着重要的作用。

热力设备的化学清洗是除去设备表面垢类、盐分及腐蚀产物的重要措施，热力设备积盐结垢和腐蚀到一定程度就应该进行化学清洗，防止垢物、盐类和腐蚀产物越积越多，最终酿成事故。

（4）注意停用保护、加强启炉时的水质监控。

机组停用期间若不采用适当的停用保护方法，会造成严重的腐蚀，大量腐蚀产物在机组启动时随水流进入锅炉内部造成杂质、盐分在锅炉内部和蒸汽流通部分的结垢、积盐及沉积物下的

腐蚀，采取措施进行停用保护并加强机组启动期间的水质监控，可以有效控制热力设备的结垢积盐。

174. 汽轮机内积盐的整体状况如何？怎样清除这些盐类？

就汽轮机内积盐的整体状况来看，有下列分布情况：

（1）从整个汽轮机来看，各级的积盐是呈马鞍形的，高低压级积盐量少，中压级积盐量最多。

（2）盐类沉积在各级叶片上的分布是不均匀的，在叶片边缘、复环的内表面，叶轮孔、叶轮和隔板的背面等处积盐量最多。

（3）供热机组和经常启停的汽轮机内，沉积物量较少。

（4）不同级中沉积物的化学组成是不同的：高压级中的沉积物主要是易溶于水的 Na_2SO_4、Na_3PO_4 和 Na_2SiO_3 等。而中压级的沉积物主要是易溶于水的 NaCl、Na_2CO_3 和 NaOH 等，还有难溶于水的钠化合物。低压级中的沉积物主要是不溶于水的 SiO_2。

沉积在汽轮机内不溶于水的 SiO_2 和铁的氧化物，通常在汽轮机大修时，用机械方法清除。沉积在汽轮机内的易溶盐，可用湿蒸汽清洗的办法除掉。

从热力设备积盐与机组负荷的关系来看，机组负荷提高，使得水冷壁管内的蒸汽量增加，由汽包引出的饱和蒸汽量也增大，加上汽包内水位膨胀不利于汽水分离，因此蒸汽带水量会增大，蒸汽中携带的盐分在蒸汽流经部分沉积析出的可能性变大。

此外，机组参数越高，蒸汽机械携带和溶解携带盐分的能力越强。首先，随着锅炉压力的增加，蒸汽密度随之增加，蒸汽流携带小水滴的能力增大；压力增大时，锅水的表面张力降低，更容易形成小水滴。其次，饱和蒸汽对各种物质的溶解携带量也随着锅炉压力的提高而增大，这是因为高参数蒸汽的性能接近于相同压力温度的水的性能，是一种很强的溶剂。因此，随着锅炉参数的提高，蒸汽携带盐分的能力提高，积盐的趋势也就更大。

175. 什么原因造成汽轮机叶片结垢？

（1）锅炉水质不合格，主要是由于给水中含有冷却水，比如凝汽器铜管漏泄，而使冷却水进入凝汽器的凝结水中；再有是受补给水所致，这与化学处理有直接关系；其他方面关系，如回收不合格凝结水所致，如生产返回水、低位水箱水质不佳等。

（2）由于锅炉构造不良或运行方式不正确，导致汽水共腾现象，是供给汽轮机的蒸汽品质下降，造成汽轮机的结盐。

对于低温、低压蒸汽携带盐分，我们可以理解是由于盐分溶解于水中所致，当进入汽轮机内，就造成叶片的结垢。

对于高温、高压蒸汽，可以这样理解，那就是高温、高压作为一种非水质溶剂，而携带盐分进入汽轮机内，至于有的盐分可能以蒸汽的状态出现，随同蒸汽一同进入汽轮机内。

这些盐分进入汽轮机内，随着机内各级压力、温度的依次变化而沉积在叶片上，但由于温度、压力的依次变化没有明显界限，所以结垢也没有明显界限。在高温高压段，常常积存硫酸钠，依次也有氢氧化钠、碳酸钠、氯（同音字代用）化钠、硅酸钠等。低温、低压段里多半是氧化硅为主的积垢，这种积垢不溶于水，是难以清洗掉的。此外还有铁和铜的氧化物及其他盐类存在的积垢。

176. 直流锅炉的除垢有些什么措施？

降低热力设备结垢速率的途径是多方面的，除了提高水汽品质合格率，通过化学监督手段的提高改善机组正常运行时的水汽指标，同时也应做好机组停用保护工作、机组开机时的水质控制，应加强机组水汽品质异常时的监督与处理等环节。

在实际运行中，当纯水中有溶解氧存在时，不但不会造成碳钢的腐蚀，反而会使碳钢钝化从而防止腐蚀；但是由于纯水的缓冲性能差，一旦有微量杂质进入就可能导致其酸碱性的大幅变化从而引发腐蚀，因而向水中加入氨调节 pH 值至微碱性，将碱性

水工况和氧化性水工况的优点结合起来，即联合水工况（CWT）。CWT 要求给水水质纯净，电导率小于 0.15μs/cm，否则氧不但不能起到抑制腐蚀的作用反而会促进腐蚀。因此，CWT 只适用于直流锅炉机组或者有凝结水精处理及给水系统为全铁的汽包炉。

采用 CWT 工况运行时，热力设备表面形成颗粒小、致密且溶解度极低的三氧化二铁保护膜，能够有效抑制炉前系统的腐蚀，大大减少给水带入炉内的铁含量，从而克服给水含铁量高、流动加速腐蚀严重、水汽品质合格率低及结垢速率大等缺点。

第四节 锅炉给水处理

177. 在机组开机时，有哪些措施来加强水质控制？

热力设备停用期间系统内自身会产生一些腐蚀产物，外部杂质也会因设备检修等因素容易被带入系统内，因此机组开机阶段水汽品质一般比较差。做好此阶段的水汽品质监督对降低热力设备通流部位结垢至关重要。重点抓好汽轮机冲转后凝结水的回收监督工作，严格按照监督标准进行凝结水回收。冲转时凝结水的回收监督按如下要求进行：

（1）汽轮机冲转一开始将凝结水进行排放。

（2）汽轮机冲转后每隔 30min 对凝结水的硬度、铜、铁等指标进行分析监督。

（3）硬度由炉内运行值班人员监测；铜、铁等指标由试验班人员监测。

（4）当凝水硬度≤10μmol/L、铜≤30μg/L、二氧化硅≤80μg/L、铁≤80μg/L 时，凝结水即可以回收。对滨海电厂而言，还应当控制含钠量≤80μg/L。

凝结水的排放虽然浪费了一部分水，但对减少热力设备的结垢及提高机组正常运行时的水汽品质却是非常有益的。

178. 为什么要严格控制锅炉给水水质?

严格控制锅炉给水的水质有着十分重要的意义，它是防止热力系统设备的结垢、腐蚀和积盐的必要措施，并对锅炉安全、经济运行提供有力的保证。对锅炉给水水质进行严格监督的目的，具体地说有三条：

(1) 防止结垢。如果进入锅炉的水质不符合标准，而又未及时正确处理，则经一段时间运行后，在和水接触的受热面上，会生成一层固体的附着物——水垢。由于水垢的导热性能很差，比金属要相差几百倍。因此，使得结垢部位温度过高，引起金属强度下降，局部变形，产生鼓泡，严重的还会引起爆裂事故，危及安全运行；结垢还会大大地降低锅炉运行的经济性，如在省煤器中结有1mm厚水垢，燃料就得多耗1.5%～2.0%；由于结垢会使汽轮机凝汽器内真空度降低，从而使汽轮机的热效率和出力降低。严重时，甚至要被迫停产进行检修。因此，控制水质防止结垢十分重要。

(2) 防止腐蚀。锅炉给水水质不良，会造成省煤器水冷壁、给水管道、各加热器、过热器以及汽轮机冷凝器等的腐蚀。腐蚀不仅要缩短设备的使用寿命，造成经济损失，同时腐蚀产生物又会转入水中污染水质，从而加剧了受热面上的结垢，结垢又促进了垢下腐蚀，造成腐蚀和结垢的恶性循环。

(3) 防止积盐。锅炉给水中的超量杂质和盐分，随蒸汽带出而沉积于过热器和汽轮机中，这种现象称为积盐。过热器的积盐会引起金属管壁过热，甚至爆裂；汽轮机内积盐会降低出力和效率，严重的会造成事故。

179. 锅炉给水和炉水的pH值应控制在什么范围最好?

为了防止给水系统的腐蚀，给水的pH值应控制在8.5～9.2范围内。如果给水pH值超过9.2，虽对钢材防止腐蚀有利，但是，因为给水中pH值提高通常是采用加氨的方法，pH值高，就意味着水、汽系统中氨的量较多。这样，在氨富集的地方，会

引起铜的氨蚀。为了避免上述情况发生，所以给水中 pH 值不可过高。通常给水中的氨量控制在 1～2mg/L 以下。

180. 什么是给水的磷酸盐处理？

为使给水进入锅炉的钙离子（补给水残余的或凝汽器中漏入的）在锅炉中不生成水垢，而形成水渣，随锅炉排掉，通常向锅炉水中投加磷酸盐，这种处理方法，简称为磷酸盐处理。

磷酸盐处理的目的，就是使随给水进入锅炉水中的钙、镁离子与加入锅内的磷酸盐形成一种不黏附在受热面金属表面的水渣，随锅炉排污除掉。用向锅内连续加入一定量的磷酸盐溶液，使炉水中经常维持一定量的 PO_4^{3-}，由于炉水碱性较强在沸腾状态下，炉水中的钙离子与 PO_4^{3-} 很容易发生反应，反应生成的碱式磷酸钙是一种水渣，易随锅炉排污排除，且不会黏附在锅内形成二次水垢。

对于磷酸根的控制有着严格的要求，如果含量过高，不但会浪费药品，也会增加锅炉水的含盐量，影响蒸汽品质，同时有生成水垢的可能。若锅炉水含铁量大时，有生成磷酸盐铁垢的可能。如果磷酸根含量过低：炉水中 PO_4^{3-} 含量太低，就不足以防止钙垢生成。特别是当锅炉负荷变化和给水质量劣化时（如凝汽器漏泄频繁，给水硬度经常波动），很容易造成炉水的过剩 PO_4^{3-} 为零，这样就给钙、镁离子造成在锅炉受热面上结垢的空隙。

另外，对于高压炉，还会影响它的炉水碱度（因为磷酸盐水解是高压炉炉水碱度的主要来源），使炉水的 pH 值达不到要求，使硅酸盐的选择携带系数增加，污染蒸汽。

181. 锅炉给水的处理方式有哪些？

随着机组参数和给水水质的提高，给水处理工艺也在不断发展和完善，目前有三种处理方式，即还原性全挥发处理、弱氧化性全挥发处理和加氧处理。

（1）还原性全挥发处理是指锅炉给水加氨和还原剂（又称除

氧剂，如联氨）的处理，英文为 all-volatile treatment（reduction），简称 AVT（R）。

（2）弱氧化性全挥发处理是指锅炉给水只加氨的处理，英文为 all-volatile treatment（oxidation），简称[AVT(O)]。

（3）加氧处理是指锅炉给水加氧的处理，英文为 oxygenated treatment，简称 OT。

182. 锅炉给水的控制项目及意义是什么？

监督给水标准是为了防止锅炉给水系统腐蚀、结垢，在锅炉排污率不超过规定数值的前提下，确保炉水水质合格。

（1）硬度。目的是防止锅炉和给水系统中生成钙、镁水垢，以及避免增加锅内磷酸盐处理的用药量和使锅炉水中产生过多的水渣。

（2）油。给水中如果有油，当它被带进锅内以后会产生以下危害：油质附着在炉管管壁上并受热分解而生成一种导热系数很小的附着物，危及炉管的安全；在炉水中生成漂浮的水渣、促进泡沫的形成，容易引起蒸汽品质的劣化；含油的细小水滴若被蒸汽携带到过热器中，会因生成附着物而导致过热器管的过热损坏。

（3）溶解氧。监督溶解氧目的是为了防止给水系统和锅炉省煤器等发生氧腐蚀，同时也是为了监督除氧器的除氧效果。

（4）联氨。给水中加联氨时，应监督给水中的过剩联氨量，目的是以保证完全消除热力除氧后残留的溶解氧，并消除因发生给水泵不严密等异常情况时偶然漏入给水中的氧。

（5）pH 值。监督给水 pH 值，目的是为了防止给水系统腐蚀，若给水 pH 值大于 9.2，虽对防止钢材的腐蚀有利，但也意味着水、汽系统中的含氨量较多，因为给水的 pH 值通常是用加氨的方法来控制的，这对铜制件有氨蚀作用，为确保热力系统铁、铜腐蚀产物量最少的原则。最佳 pH 值时给水含氨量通常在 1～2mg/L 以下。

（6）总二氧化碳。总二氧化碳 = CO_2 + HCO_3^- + CO_3^{2-}（以 CO_2mg/L 表示）。碳酸化合物随给水进入锅内后，全部分解而放出 CO_2，CO_2 被蒸汽带出，会导致铜、铁腐蚀产物的含量增大。

（7）全铁和全铜，监督铁、铜含量，是为了防止锅炉炉管中产生铁垢和铜垢，同时也可以作为评价热力系统金属腐蚀情况的依据之一。

（8）含盐量（或含钠量）、含硅量及碱度。为了保证锅炉水的含盐量（或含钠量）、含硅量以及碱度不超过允许数值，并使锅炉排污率不超过规定值，所以应对此指标进行监督。

（9）亚硫酸钠。采用亚硫酸钠处理作为给水除氧的辅助方法时，如因亚硫酸钠超标，进入锅内后会生成 SO_2 和 H_2S 等气体，引起金属腐蚀。所以应严格控制亚硫酸钠的含量。

183. 直流锅炉给水有哪些特点？

超临界工况下的水、汽的理化特性决定了超临界和超超临界锅炉必须采用直流锅炉。直流锅炉没有汽包，无法通过锅炉排污去除杂质。直流炉的特点决定了由给水带入的杂质在机组的热力系统中只有如下三个去处：

（1）部分溶解于过热蒸汽中，其中绝大部分随蒸汽带入汽轮机而沉积在汽轮机上。

（2）不能溶解于过热蒸汽的那部分杂质将沉积于锅炉的炉管中。

（3）极少量的杂质溶解于凝结水中而进入下一个汽水循环。

无论杂质沉积于锅炉热负荷很高的锅炉的水冷壁管内，还是随蒸汽带入汽轮机沉积在汽轮机上，都将对机组的安全性和经济性运行有很大的危害。根据超临界和超超临界机组的特点，尽量纯化水质，减少水中盐类杂质，降低给水中的含铁量，控制腐蚀产物的沉积量，是超超临界机组水处理和水质控制的主要目标。

对于直流锅炉而言，给水有以下工作特点：

通常由给水带入炉内的杂质主要是：钙、镁离子，钠离子，硅酸化合物，强酸阴离子和金属腐蚀产物等，根据这些杂质在蒸汽中的溶解度与蒸汽参数的关系图得知，各种杂质离子在过热蒸汽中的溶解度是有很大差别的，且随蒸汽压力的增加而变化的情况也不同。

给水中的钙、镁杂质离子在过热蒸汽中的溶解度较低且随压力的增加变化不大；而钠化合物在过热蒸汽中的溶解度较大且随压力的增加溶解度稳步增加；硅化合物在亚临界以上工况下的溶解度已接近同压力下的水中的溶解度，且随压力的增加溶解度也渐渐增加；强酸阴离子（如氯离子）在过热蒸汽中的溶解度较低，但随压力的增加变化较大，硫酸根离子在过热蒸汽中的溶解度较低且随压力的增加变化不大；铁氧化物在蒸汽中的溶解度随压力的升高也呈不断升高趋势，而铜氧化物在蒸汽中的溶解度随压力的升高而升高，当压力升高到一定程度时有发生突跃性增加的情况。由于铜会在汽轮机通流部分沉积，使通流面积减少，影响汽轮机的出力，汽中的溶解度变化曲线所以对于超临界和超超临界机组凝结水和给水中铜的含量应引起足够的重视，建议最好采用无铜系统，并严格控制凝结水、给水系统运行中的 pH 值，减少腐蚀产物的产生。

第五节 锅炉炉水处理

184. 汽包炉水中的 pH 值对蒸汽携带 SiO_2 有何影响？

在汽包锅炉内，水温很高，而且水的 pH 值也较高，因此给水中溶解态和胶态的硅化合物进入炉内后呈溶解态。这些溶解态硅化合物一部分是硅酸盐，另一部分是硅酸，如 H_2SiO_3、$H_2Si_2O_5$、H_4SiO_4 等。饱和蒸汽中溶解携带的硅化合物主要是硅酸。当饱和蒸汽变成过热蒸汽时，H_2SiO_3 或 $H_2Si_2O_5$ 等硅酸会脱水而成为 SiO_2。因此在高压及以上的锅炉中，蒸汽所带的含硅量主要决定于饱和蒸汽对硅酸的溶解携带。

在炉水中，硅酸与硅酸盐之间处于水解平衡状态：

$$SiO_3^{2-} + H_2O \rightleftharpoons HSiO_3 + OH^-$$

$$HSiO_3^- + H_2O \rightleftharpoons H_2SiO_3 + OH^-$$

从上面的反应式中可知，当提高炉水的 pH 值时，因炉水中的 OH^- 浓度增加，反应向生成硅酸盐的方向进行，使炉水中硅酸的含量减少。因此，随炉水 pH 值的上升，饱和蒸汽中硅酸的溶解携带量将减少。反之，pH 值的下降，炉水中硅酸量增多，蒸汽中硅酸的溶解携带量就增多，被带入过热器、汽轮机的硅含量也就增加。

185. 锅炉为什么要进行排污？排污方式有几种？

在锅炉运行时，含有一定杂质的补给水进入锅炉后，随着炉水不断蒸发浓缩，炉水中的杂质逐渐增多。这些杂质除少量被饱和蒸汽带走外，大部分留在炉水中，当它们的含量超过一定限度时，会造成蒸汽品质恶化，锅炉受热面结垢，管子流通截面变小或被堵塞，水循环不良，金属腐蚀等现象发生，危及锅炉的安全运行。为了使炉水中的杂质保持在一定限度以下，就需要从锅炉中不断地排除含盐量较大的炉水和沉积的水渣。锅炉排污的目的是：控制炉水的含盐量，防止因炉水含盐量过高带来的危害；排除积存在炉水中的水渣，防止水渣在某一部位聚积及形成水垢。

在以下几种情况下应加强锅炉的排污：①锅炉刚启动时，没投入正常运行前；②炉水浑浊或质量超标时；③蒸汽品质恶化时；④给水水质超标、加药量异常增大时；⑤锅炉反映水位不清，有泡沫时。锅炉的排污方式可分为定期排污和连续排污两种。

186. 什么是定期排污？什么是连续排污？

定期排污又称为间断排污或底部排污。它定期从锅炉水循环系统中的最低点排掉部分炉水。它的作用是将锅炉水中的水渣、沉淀物和腐蚀产物排掉；目的是避免二次水垢的形成和管路的堵塞。

定期排污延续时间很短，但排除锅炉内沉淀物等作用很强。

另外定期排污还能迅速调节炉水含盐量以及当水位过高时，可利用定期排污装置迅速放水。

连续排污又称为表面排污，它是连续不断地将汽包中水面附近的炉水排出炉外。它的作用是降低炉水中的含盐量和含硅量，避免因其过高而引起的不良后果。另外也能排除炉水中细小的晶粒或悬浮的水渣。

连续排污量的大小，可根据蒸汽品质和炉水浓度来控制。如含盐量（也有控制碱度）过高，应加大连续排污量，反之可减少连续排污量。

187. 锅炉水碱度过高是什么原因？如何处理？

表 5-2 锅炉水碱度过高的原因及处理方法

原　因	处 理 方 法
进入锅炉的给水碱度升高	应加强对蒸汽品质的监督，查明给水碱度升高的原因，并立即排除，同时采取措施降低给水碱度
磷酸三钠加药量过多	控制好加药量，必要时可暂停加药
锅炉排污量太小或排污管堵塞	调整排污门开度，适当增加排污量如经检查确定是连续排污管堵塞，立即检修，同时通知锅炉进行定期排污，在保证正常水位的情况下，尽量增加补给水
锅炉负荷增大时，炉水 PO_4^{3-} 降低	应保持负荷平稳，避免易溶盐“隐藏”现象发生
测定碱度用的标准溶液浓度偏低	立即更换标准溶液

188. 锅炉水碱度过低是什么原因？如何处理？

表 5-3 锅炉水碱度过低的原因及处理方法

原　因	处 理 方 法
锅炉负荷突然增加，给水量骤增	控制锅炉的负荷不能升的很快
锅炉定期排污门不严	更换定期排污门
排污门开度太大或排污门掉砣，关不严	控制排污门开度，修理排污门

续表

原　　因	处理方法
炉水取样冷却器蛇形管泄漏	检修处理蛇形管泄漏点
取样管长期不冲洗，取样无代表性	冲洗取样管，直至水样有代表性为止
给水碱度太低或交换器跑酸水	适当提高给水碱度，停止运行跑酸水的交换器
测定炉水碱度用的标准溶液浓度偏高	立即更换标准溶液

189. 锅炉水磷酸根含量过低是什么原因？如何处理？

表 5-4　　锅炉水磷酸根含量过低的原因及处理方法

<table>
<tr><th>原　　因</th><th>处理方法</th></tr>
<tr><td>排污门开度太大</td><td>控制排污量，在炉水含盐量允许的情况下，尽量减少排污</td></tr>
<tr><td>给水硬度高（除盐水硬度高或凝汽器铜管漏泄严重）</td><td>排除给水硬度高的故障</td></tr>
<tr><td>锅炉事故放水门不严或定期排污量过大或是定期排污门关不严</td><td>通知锅炉人员，控制定期排污量，检修处理事故放水门和定期放水门</td></tr>
<tr><td>锅炉负荷骤增，使给水量突然增大</td><td>锅炉负荷应保持平稳，如增加负荷时，应增加投药量</td></tr>
<tr><td>加药泵盘根漏，泵的出力减少</td><td rowspan="2">均属设备本身的故障，应予以检修处理</td></tr>
<tr><td>加药泵的出入口管或泵的方螺丝处的孔眼堵塞或下面的阀门卡住</td></tr>
<tr><td>加药泵内有空气，打不出药液</td><td rowspan="4">均属设备本身的故障，应予以检修处理</td></tr>
<tr><td>取样冷却器蛇形管泄漏</td></tr>
<tr><td>加药管道上的逆止门不严或失灵</td></tr>
<tr><td>加药泵出口联络门不严，往邻近锅炉串药</td></tr>
<tr><td>磷酸三钠溶液浓度过低或溶液药箱液位过低</td><td>应提高磷酸三钠溶液浓度和贮药箱液位</td></tr>
<tr><td>化验药品有误</td><td>更换化验药品</td></tr>
</table>

190. 锅炉水磷酸根含量过高是什么原因？如何处理？

表 5-5　　锅炉水磷酸根含量过高的原因及处理方法

原　因	处 理 方 法
加药量过高	当锅炉内磷酸根含量较高时，应十分注意监督蒸汽品质，必要时可将加药泵停运
排污量较小	适当增加排污量
锅炉瞬间停炉后又启动，造成盐、净段炉水相混	正常现象，但可控制加药量，使之不超标即可
磷酸三钠加药系统中联络门不严，邻近的锅炉加药串入本锅炉内	修复联络门
磷酸三钠加药液浓度增加，没及时发现仍按原计量加药	调整药液浓度的同时，应将加药泵倒杆螺丝往上调，以控制加药量

第六节　热力设备的化学清洗

191. 什么是冷态清洗和热态清洗？

冷态清洗就是在锅炉点火前，用除盐水冲洗包括高压加热器、低压加热器、除氧器、省煤器、水冷壁、过热器、汽包等部件在内的水汽系统。热态清洗就是在锅炉启动过程中，当水温（以炉本体水汽系统出口水温为准）升高到一定数值后，应暂时停止升温，并在一段时间维持锅内的水温，使水仍然沿着高压系统冷态清洗时的循环回路流动。在这段时间内，锅炉本体水汽系统中的杂质可以被流动着的热水清洗出来。洗出来的杂质在水通过过滤器和混合床除盐装置时不断地被除掉。这样进行的清洗过程称为热态清洗。

192. 低压系统清洗流程和高压系统清洗流程分别是什么？

低压系统清洗流程是：凝汽器→凝结水泵→除盐装置→凝结水升压泵→低压加热器→除氧器→凝汽器。

高压系统清洗流程是：凝汽器→凝结水泵→除盐装置→凝结水升压泵→低压加热器→除氧器→给水泵→高压加热器→锅炉本体水汽系统→汽包（或汽水分离器）→凝汽器。

193. 对于新建锅炉，为什么要进行化学清洗？

新建锅炉在制造、储存和安装过程中，不可避免地会形成氧化物、腐蚀产物和焊渣，并且会带入砂子、尘土、水泥和保温材料碎渣等含硅杂质。管道在加工成型时，有时使用含硅、铜的冷热润滑剂（如石英砂、硫酸铜等），或者在弯管时灌砂，这些都可能使管内残留含硅、铜的杂质。此外，设备在出厂时还可能涂附有油脂类的防腐剂，这些杂质如果在锅炉投运前不除掉，就会产生下列危害：

（1）锅炉启动时，汽水品质，特别是含硅量不容易合格，影响机组的启动时间。

（2）妨碍炉管管壁的传热，造成炉管过热或损坏。

（3）在锅内的水中形成碎片或沉渣，堵塞炉管，破坏汽水的正常流动工况。

（4）加速受热面沉积物的积累，使介质浓缩腐蚀加剧，导致炉管变薄、穿孔和爆破。

194. 对于运行锅炉，进行化学清洗有哪些必要性？

锅炉投入运行以后即使有完善的补给水处理工艺和合理的锅内水工况，仍然不可避免地会有杂质进入给水系统，热力系统也会遭受腐蚀。如不进行化学清洗除掉这些污脏物，将会在受热面形成水垢，影响炉管的传热和水汽流动特性，加速介质浓缩腐蚀和炉管的损坏，恶化蒸汽品质，危害机组的正常运行。因此，锅炉运行一定时间以后，必须进行化学清洗。

195. 如何确定锅炉的化学清洗周期？

运行锅炉进行化学清洗的间隔，应根据锅炉类型、参数、燃料品种、补给水品质以及内部的实际污脏程度来决定。一般来说是根据运行年限或锅炉结垢量或综合这两个因素来确定化学清洗时间。目前只能根据运行经验来确定锅炉需化学清洗的运行年限。

如果是根据锅内结垢量来确定化学清洗的周期，就应该查明受热面的结垢量。通常采用割管检查的方法，割管部位应该选择在最容易发生结垢和腐蚀的部位。一般割管部位是：受热面热负荷最高的部位，如喷燃器附近还有冷灰斗和焊口处等部位。此外，由于炉管的向火侧比背火侧热负荷高得多，结垢和腐蚀也就严重得多，所以，应该选择炉管的向火侧来检查结垢量，并以此作为依据来确定是否需要进行化学清洗。至于锅内结垢量应该达到多少才进行清洗的问题，也是根据运行经验确定的。

196. 锅炉化学清洗的一般过程是什么？

锅炉化学清洗过程由清洗、碱洗、酸洗、漂洗、钝化几个过程组成：

（1）清洗。在用化学药品清洗前，先用大量水进行冲洗。冲洗浮尘和易于剥离的杂质。

（2）碱液清洗，对新安装的锅炉是为了除去在制造安装过程中管内涂覆的防锈剂和附着的油污。

（3）酸洗，是利用酸将金属壁上的沉积物从不溶转为可溶性的盐类溶解在清洗介质中，然后随着清洗液排放而除去。

（4）漂洗，是除去在酸洗和水清洗后残留的铁离子，以及除去冲洗时金属表面生成的二次铁锈。

（5）钝化，是用某些化学药品的水溶液对金属表面进行处理，使金属表面生成防腐的保护膜。

197. 如何对锅炉清洗液进行选择？

锅炉内部的污脏物，就其化学成分而论，主要是铁，其次可能有铜、硅及油脂类物质等。为了去除这些有害物质，并使金属表面钝化，就应根据具体情况清洗来选取不同的对策。因此，化学清洗可能包括有脱脂除硅、除铁除铜以及钝化等基本过程；就所采用的清洗介质而言，化学清洗规则可能包括碱洗/碱煮、酸洗及中和钝化等基本过程。由于其中起清洗作用的主要步骤是酸洗过程，因此又往往称它所用的溶剂为清洗剂。

清洗剂的作用是除掉金属表面聚积的铁的氧化物。除去铁的氧化物是化学清洗的主要步骤。对清洗剂的基本要求是：①清洗效果好，即除去铁的氧化物效果好；②对锅炉的腐蚀性小；③成本较低，货源较充足，使用方便；④清洗后的废液易于处理。

常用清洗剂主要是无机酸和有机酸，例如盐酸、氢氟酸、柠檬酸、已二胺四乙酸、羟基乙酸和甲酸等。现在比较安全而且可靠的清洗液为柠檬酸和已二胺四乙酸。在实际运用中，化学清洗常常又称为酸洗，对于常用的清洗剂和选用，可以根据其特点，按热力设备的不同，进行合理的调配。

（1）柠檬酸。

用柠檬酸作清洗剂有许多优点：由于铁离子与柠檬酸生成易溶的络合物，清洗时不会形成大量悬浮物和沉渣；它可以用来清洗奥式体钢和其他特种钢材制造的锅炉设备；即使柠檬酸残留内部，也没有危险，柠檬酸在高温下会分解成二氧化碳和水，所以可用来清洗结构复杂的高参数大容量机组。缺点在于：清除附着物能力比盐酸小，只能清除铁垢和铁锈，不能清除铜垢、钙镁水垢和硅酸盐水垢；清洗时要求较高的温度和流速；价格也较贵。所以通常是在不宜用盐酸的情况下才用柠檬酸。

（2）已二胺四乙酸（EDTA）。

EDTA 与金属离子之间（Fe^{2+}、Cu^{2+}、Ca^{2+}、Mg^{2+}）等离子形成络合物，这些络合物易溶于水，在清洗过程中，随着络合反应的进行，清洗液 pH 值不断地上升，达到使铁钝化的 pH 值。应用 EDTA 作为清洗剂，具有以下优点：对氧化铁、铜垢、钙煤垢都有较强的清洗能力；需要浓度较低，清洗时间较短，对金属的腐蚀性小；可用来清洗较复杂的锅炉和奥式体钢制造的设备；清洗时临时装置比较简单；清洗废液可以回收大部分 EDTA；清洗以后，金属表面可以生成良好的保护膜，不必另作钝化处理。其缺点是药品价格较贵，清洗成本高。

198. 在什么条件下进行热化学试验?

汽包锅炉热化学试验是寻求获得良好蒸汽品质的运行条件。这是按照预定的计划使锅炉在各种不同工况下（蒸发量、水位）运行，以求取得最优运行条件。因为锅炉的蒸汽品质，要受到锅炉结构或运行工况等许多因素影响，所以获得良好蒸汽品质的运行条件无法预测，只有通过试验来确定。

热化学试验并不是经常进行的，只有遇到下列一种情况时，才需进行：

（1）新安装的锅炉，投入运行一些时间后。

（2）锅炉改装后，例如汽水分离装置、蒸汽清洗装置和锅炉的水汽系统等有变动时。

（3）锅炉的运行方式有很大变化时。

（4）已经发现过热器和汽轮机积盐，需要查明蒸汽品质不良的原因时。

进行热化学试验的项目主要有：

（1）测定炉水含盐量对蒸汽品质的影响；

（2）测定蒸汽含硅量与炉水含硅量的关系；

（3）测定锅炉的负荷对蒸汽品质的影响；

（4）测定锅炉的负荷变化对蒸汽品质的影响；

（5）测定锅炉的最高允许变化速度对蒸汽品质的影响；

（6）测定锅炉水位的允许变化速度。

上述各项并不是每次热化学试验时都要进行的，可根据每次试验目的的不同，选作其中几项。

199. 化学清洗的方式有哪些?

化学清洗有静置浸泡和流动清洗两种方式，通常采用流动清洗或称动态清洗，它的优点是：①锅炉各个部位清洗溶液的温度、浓度和金属的温度都均匀；②溶液的流动可起搅动作用，有利于清洗和排除清洗废液的沉渣或悬浮物；③根据出口清洗液的

分析结果可以很容易地判断清洗的进度和终点。

动态清洗法可以分为闭式循环法和开路法。闭式循环法是将要清洗的部位组成循环回路，由输送机械将清洗液送入系统，循环一定时间，排放废液。这种方法使用于盐酸、柠檬酸洗炉。开路法是将清洗液一次性通过被清洗的金属表面，不循环。开路法只用于氢氟酸洗炉，因为氢氟酸溶解铁的氧化物的速度比较快。

200. 化学清洗的工艺条件有哪些?

确定化学清洗的工艺条件，除考虑选择清洗剂、添加剂和清洗方式外，还应考虑以下一些项目：

（1）清洗液的温度。

清洗液的温度对清洗效果有较大的影响。一方面清洗剂溶解铁的氧化物的速度随温度升高而增加，所以，清洗效果随温度升高而增加；另一方面，缓蚀剂的缓蚀能力随温度的升高而下降，当超过一定温度时甚至可能完全失效，所以，在一定时间内必须维持合适的温度。

在确定清洗温度时，要注意清洗不同的清洗剂使用的温度不同。一般来说，无机酸清洗的温度低，大约在60～70℃之间；有机酸的清洗温度高一些，大约在90～98℃之间。同时，不同的缓蚀剂允许的最高温度也不一样，清洗温度的上限主要取决于缓蚀剂的容许温度。

（2）清洗流速。

清洗流速要合理确定，既要保证良好的清洗效果和带走不溶的沉积物，又要使缓蚀剂的效率高，金属腐蚀速度低。流速高，对于提高清洗效果，带走沉积物是有利的，但缓蚀效率会降低，腐蚀速度增加；流速低，对金属的腐蚀速度小，但影响清洗效果，有些沉积物带不走，甚至可能造成过热器的堵塞。所以，清洗流速不能过大或过小，一般认为，流速应小于1m/s，盐酸清洗流速为0.1～0.2m/s，有机酸清洗流速0.3～0.6m/s，氢氟酸清洗流速不小于0.15m/s。

（3）清洗时间。

清洗时间是指清洗液在清洗系统中静置或循环的时间。清洗剂不同，和铁的氧化物等沉积物的反应时间也不同，所以清洗时间随清洗剂不同而有差别，清洗方案所能定的清洗时间，一般是根据试验结果和有关经验确定的。

（4）清洗剂和添加剂的浓度。

清洗时所用的清洗剂和各种添加剂的浓度，随锅内沉积物的状况不同而异。缓蚀剂的浓度，应以保证金属腐蚀速度最小为原则。

201. 如何确定化学清洗的范围？

在确定清洗系统之前，首先要确定清洗的范围。化学清洗的范围，因锅炉的类型、参数和清洗种类不同而有所区别。新建炉水汽系统各部位可能较脏，所以化学清洗的范围较广。

一般，高压及高压以下汽包炉，清洗范围包括锅炉的省煤器、水冷壁和汽包等；超高压及超高压以上汽包炉，除了清洗锅炉本体（包括过热器）之外，还要考虑清洗炉前系统，即从凝结水泵出口至除氧器的汽轮机凝结水通道和从除氧器水箱至省煤器前的全部给水通道；对于中间再热机组，再热器也应进行清洗；凝汽器和高压加热器的汽侧及各种疏水管道，一般不进行化学清洗，只用蒸汽或水冲洗。对于运行炉，无论是汽包炉还是直流炉，一般只清洗锅炉本体。

202. 化学清洗的系统有哪些？

清洗范围和工艺条件确定之后，应根据工艺要求，结合锅炉结构特点、沉积物状况和现场具体条件拟定合理的清洗系统。清洗系统的划分按下列要求进行：

（1）应避免将炉前系统的脏物带入锅炉本体和过热器，一般应将锅炉分为炉前系统、炉本体和汽系统三个系统进行清洗。

（2）应使每个回路具有相差不多的通流截面或速度。为了保证清洗系统部位有适当的流速，必须根据系统的通流截面和流动

阻力来选择适当的清洗泵，以具有足够的流量和扬程。如果清洗泵的容量不够，或清洗溶液箱的容积太小，可以将整个化学清洗系统划分成几个独立的清洗回路，依次进行清洗。

203. 化学清洗中监督的内容有哪些?

为了掌握化学清洗的过程，及时判断清洗过程各阶段的清洗效果，在化学清洗中必须进行化学监督。监督内容包括监视管段和腐蚀指示片及化验清洗液。

(1) 监视管段的检查。

监视管段应选用污脏程度比较严重的、并带有焊口的水冷壁管，其长度为 350～400mm，两端焊有法兰盘。监视管段安装于循环泵出口，控制管内流速与被清洗的锅炉水冷壁管内流速相似。监视管段应在系统进酸后投入。基建炉的监视管段一般在清洗结束后取出。运行炉的监视管段应在预计酸洗结束时间前取下，并检查管内是否已清洗干净，若管段已清洗干净，酸液仍需要再循环 1h，方可结束酸洗。

(2) 腐蚀指示片的制作。

腐蚀指示片的材料应与锅炉被清洗部分的材质相同，管材样片的加工是先将钢管用铣床铣成条，再用刨床刨平，切成 35mm×12mm×3mm 的长方形试片，磨平抛光至光洁度为 V9，用千分尺精确测量指示片表面尺寸，用丙酮或无水乙醇洗去表面油，放入 30～40℃的烘箱内烘干，置于干燥器内干燥 1h，然后称重。指示片在加工过程中，严禁敲打撞击。

204. 化学清洗过程中的测试项目有哪些?

(1) 煮炉和碱洗过程：汽包炉取盐段和净段的水样，每小时测定碱度一次，换水时每小时测定碱度一次，直至水样碱度和正常炉水碱度相近为止。

(2) 循环配酸过程：每 10～20min 测定酸洗回路出、入口酸浓度一次，直至浓度均匀并达到指标要求。

(3) 酸洗过程：循环酸洗过程中，应注意酸液温度、循环流速、汽包及酸槽的液位，每小时记录一次，每半小时测定一次溶酸箱出口、进酸管、排酸管的酸浓度和含铁量。开式酸洗系统在开始进酸时，每3min测定一次锅炉出入口酸液的酸浓度，酸洗过程中，每5min测定一次锅炉出入口酸液的酸浓度及含铁量。

为提高静止酸洗时效果，酸液在锅炉内浸泡一定时间（约1.5h）后，可放出部分酸液至溶液箱内，加热至50～60℃，再送回锅炉。酸液的加热一般不超过3次，每半小时测定一次酸浓度和含铁量。为了计算洗出的铁渣量，在酸洗过程中还应定期取排出液混合样品，测定其悬浮物和总铁量的平均值。

（4）碱洗后的水冲洗：每15min测定一次出口水的pH值、每隔30min收集一次平均样。

（5）酸洗后的水冲洗：每15min测定一次出口水的pH值、酸浓度和电导率，冲洗接近终点时，每15min测定一次含铁量。

（6）稀柠檬酸漂洗过程：每半小时测定一次出口漂洗液酸的浓度。

（7）钝化过程：每小时测定一次钝化液浓度和pH值。

（8）过热器的水冲洗过程：分别从饱和蒸汽和过热蒸汽取样，每隔半小时测定碱度一次。

对于化学清洗，留样分析项目包括碱洗留样和酸洗留样。碱洗留样的项目有：主要测定碱度、二氧化硅和沉积物含量。稀柠檬酸漂洗留样的项目有：主要测定沉积物含量。

第六章

凝结水精处理

第一节　凝结水精处理基本知识

205. 汽轮机凝结水的控制项目及意义是什么?

因为汽轮机凝结水是给水的一部分，该水质量不合格将直接影响给水水质，故应予以监督。

（1）硬度。监督此项目是为了防止凝结水中的钙镁量过大，导致给水硬度不合格，凝结水硬度大，是由于冷却水漏入或渗入凝结水中所致。

（2）溶解氧。在凝汽器和凝结水泵的不严密处漏入空气，是凝结水中含有溶解氧的主要原因。凝结水含氧量较大时，会引起凝结水系统的腐蚀，还会使随凝结水进入给水的腐蚀产物增多，影响给水的水质。所以应监督凝结水的溶解氧。

另外，为了能及时发现凝汽器漏泄，还应测定凝结水的电导率。如发现电导率比正常测定值大得多时，说明凝汽器漏泄。所以，在电厂各机组均应安装一台连续测定凝结水电导率的装置。

随着热力机组参数的提高，对锅炉给水水质的要求更为严格。发电厂锅炉给水由凝结水和化学补给水组成。而凝结水包括汽轮机凝结水、热力系统中的多种疏水以及热用户的生产凝结水，机组正常运行时化学补给水量很少，给水水质的好坏在很大程度上取决于凝结水的水质。因此凝结水处理已成为电厂水处理的一个极为重要的环节。凝结水处理，通常指的是汽轮机凝结水的处理。

206. 凝汽水污染的主要原因是什么?

冷却水从汽轮机凝汽器不严密的地方进入汽轮机的凝结水中，是凝结水中含有盐类物质和硅化合物的主要原因，也是这类杂质进入给水的主要途径之一。凝结水是由水蒸气凝结而成的，水质应该很纯。但是由于下述原因，凝结水往往会受到一定程度的污染。

冷却水从凝汽器不严密处进入凝结水中，使凝结水中盐类物质与硅化合物的含量升高，这种情况称为凝汽器渗漏；当凝汽器的管子因制造或安装有缺陷，或因腐蚀而出现裂纹、穿孔和破损，以及固接处的严密性遭到破坏时，进入凝结水中的冷却水量将比正常时高得多，这种情况称为凝汽器泄漏。凝汽器泄漏时，凝结水被污染的程度要比渗漏时大得多。

进入凝汽器的蒸汽是机组汽轮机的排气，其中杂质的含量非常少，所以凝结水中的杂质含量主要决定于漏入的冷却水量及其中杂质的含量。在冷却水水质已定的条件下，给水水质要求越高，允许的凝汽器漏水量就越低，对凝汽器的严密性的要求就越高。实践证明，当凝结水不进行处理时，凝汽器的泄露往往是引起发电机结垢、积盐和腐蚀的一个主要原因。

207. 凝结水系统的其他污染源有哪些?

（1）金属腐蚀产物的污染。

凝结水系统的管路和设备往往由于某些原因而被腐蚀，致使凝结水中带有金属腐蚀产物，其中主要是铁和铜的氧化物。

铁和铜的腐蚀产物随给水进入锅炉后，将会造成锅炉的结垢和腐蚀，因此必须严格控制给水中铁和铜的含量。所以对作为给水主要组成部分的凝结水水质，也就有更严格的要求。

（2）热电厂返回水夹带的杂质的污染。

从热电用户返回的凝结水中通常含有很多杂质。生产用汽的凝结水一般含有较多的油类物质和铁的腐蚀产物，返回后需要进一步处理来满足机组对水质的要求。

（3）锅炉补给水的污染。

锅炉补给水一般从凝汽器补入热力系统，当锅炉补给水水质不良时，就可能对凝结水造成污染。

208. 凝结水精处理系统有哪些功能？

对于火力发电厂而言，在实际运行中凝结水精处理系统的功能：

（1）连续除去热力系统内的腐蚀产物、悬浮物和溶解的胶体硅，防止汽轮机通流部分积盐。

（2）可缩短机组启动时间，降低锅炉排污量，节省能耗和经济成本。

（3）凝汽器微漏时，保障机组安全连续运行；可除去漏入的盐分及悬浮物杂质，有时间采取查漏、堵漏措施。严重泄漏时，可保证机组按预定程序停机。

（4）除去漏入凝汽器的空气中的二氧化碳。

（5）除去因补给水处理装置运行不正常时，带入的悬浮物杂质和溶解盐类。

209. 如何确定凝结水精处理系统？

出于对机组安全经济性的考虑，在火力发电厂亚临界压力及以上参数的汽包炉机组及直流机组中，设置凝结水精处理能够有效保证给水的清洁性。凝结水精处理系统，应按锅炉和汽轮机组类型及其参数、冷却水水质等因素确定。

（1）直流锅炉供汽的汽轮机组，全部凝结水应进行精处理。

（2）亚临界及以上参数的汽包锅炉汽轮机组，全部凝结水宜进行精处理。

（3）对于亚临界汽包锅炉直接空冷的汽轮机组应设置以除铁，同时也具有一定除盐能力的精处理系统，对于混合式凝汽器的简介空冷汽轮机组宜采用除铁加混床系统，对于表面式凝汽器的间接空冷机组可仅设除铁设备。

210. 空冷机组凝结水精处理种类有哪些？

空冷机组水质和水工况特点：含盐量低、二氧化硅比例高、水中 CO_2、铁的附属产物含量高，凝结水温度偏高。

由于凝结水温度偏高，如采用离子交换所用树脂必须耐高温。强酸大孔型阳离子交换树脂的使用温度都在 100℃以上，可用于空冷机组上；对于强碱大孔型阴离子交换树脂 OH 型的最高使用温度仅为 60℃，高于这个温度会导致阴树脂分解率提高，交换容量降低，影响凝结水的水质。所以对高速混床应用有限制。

空冷机组目前国内普遍采用粉末树脂覆盖过滤器、粉末覆盖过滤器＋高速混床。

211. 常用空冷机组凝结水精处理的特点有哪些？

常用空冷机组凝结水精处理系统是粉末树脂覆盖过滤器，这种技术就是将粉末树脂作为覆盖介质预涂在精密过滤器滤芯上，用来置换溶解性的离子态物质、除去悬浮固体颗粒、有机物、胶体硅及其他胶体物质。

系统优点：无需树脂分离与再生系统，不存在酸碱废液的问题；系统简单，占地面积小；启动时含铁量较高，但仍可以运行，节省启动时间，减少机组排水；降低树脂降解后对水汽品质的影响；可以在凝结水温度低于 85℃的情况下运行；一次性投资小，运行费用低。

系统缺点：运行费用高。由于粉末树脂不能重复使用，因此运行费用较高。目前国内尚无生产粉末树脂的厂家。该树脂粉特别是阴树脂粉在空气中极易失效，要求保存周期为半年；树脂总交换容量低，抵抗凝汽器的泄漏能力差。粉末树脂过滤器的离子全交换容量不到深层混床的 1%，故深层混床能更有效的抵抗凝汽器的泄漏；对机组严密性要求较高。高度再生的氢氧型阴树脂粉极易被大气中或暴露于大气的水中的二氧化碳污染，导致运行周期缩短；对树脂性能要求更加严格。粉末树脂不具备淋洗残留物的能力，因此所有的粉末树脂必须符合技术条件，才能减少污染物的侵入；树脂粉失效后的处理应考虑环保或深埋或焚烧。

粉末树脂技术在凝结水精处理应用的条件：粉末树脂的最大弱点就是全交换容量低，抗凝汽器的泄漏能力差，因此采用该技术有一定的区域局限性，对于循环水中含盐量较高的地区，还是选择深层混床为宜。在凝结水精处理中选择粉末树脂过滤器应确保以下条件的满足：确保补给水质量；尽量避免凝汽器的泄漏，凝汽器管材宜选用钛管或不锈钢管；机组循环水水质较好、含盐量低；机组系统真空严密性较好。

第二节 凝结水精处理

212. 凝结水精处理对于机组运行有哪些作用？

机组启动时，缩短机组启动时间，降低水耗。机组正常运行或机组异常运行期间，除去凝结水中微量的硅、铁、铜、金属氧化物颗粒和溶解盐类，提供超临界压力直流锅炉正常和非正常运行所必需的高纯度凝结水，从而减缓机炉腐蚀和结垢。

凝汽器渗漏量较小时，可防止水汽品质恶化，保证机炉安全运行。设有凝汽器泄漏连续监测装置，严格监督凝结水水质；当凝汽器泄漏量较大时，可延缓水汽品质恶化，保证机炉安全停运时间。

213. 凝结水净化系统的组成分为哪几部分？

凝结水净化系统的组成可分为三个部分：前置过滤、除盐、后置过滤。前置过滤是用来除去凝结水中的悬浮物质及油类等杂质，以保护除盐设备的树脂不受污染。后置过滤是用来截留除盐设备漏出的树脂或树脂碎粒等杂质，防止它们随给水进入锅炉，保证锅炉给水水质。

通常在火力发电机组中，每台机组设置2×50%容量的前置过滤器，凝结水精处理系统在机组启动初期，凝结水含铁量在

2000～3000μg/L 时，仅投入前置过滤器，迅速降低系统中的铁悬浮物含量，使机组尽早回收凝结水，减少排水。前置过滤器进口母管设100%旁路，2台前置过滤器中间设50%旁路。当前置过滤器进出口母管压差大于0.1MPa 时，前置过滤器母管进出阀门关闭，100%大旁路自动打开。当某台前置过滤器发生降压过高，表明截留了大量固体，则自动开启50%旁路，并使失效过滤器退出运行，用水和压缩空气进行反洗，反洗完毕，自动并入凝结水处理系统。前置过滤器的进出口压差超过规定值或周期制水量达到设定值时，备用过滤器投入运行，失效过滤器解列并自动进行反洗。前置过滤器的正常运行周期应不低于10天，滤元的正常使用寿命不低于两年（或反洗次数不低于100次）。这三个组成部分并不是每个凝结水净化系统都必须具备，在有些系统中不设前置和后置过滤设备。这时，离子交换除盐设备本身也起过滤作用。

214. 运行中的精处理设备系统有什么样的流程？

凝结水精处理系统流程：凝汽器热井⟶凝结水泵⟶前置过滤器⟶高速混床⟶轴封加热器。

215. 对高速混床树脂有什么样的性能要求？

高速混床树脂的选择要求较严格，一般应符合下列原则：

（1）必须选用机械强度高的树脂。因为混床运行流速高，压力大（中压运行），树脂污染后，要利用高速空气擦洗，所以选用的树脂必须具有很好的机械强度，否则会磨损、破碎得很严重。

（2）必须选用粒度较大且均匀的树脂。这是因为粒度大，可以减少运行时的压降。但粒度过大，树脂容易破碎和出现裂纹。

（3）必须选用强酸性、强碱性树脂。这是因为弱型树脂都有一定的水解度，而且弱碱性树脂不能除掉水中的硅，羟酸型弱酸性树脂交换速度慢，而床体的运行流速高，因此不能用弱型树脂。否则，难以保证高质量的出水要求。

（4）必须选择适当的阳、阴树脂比例。阳、阴树脂比例应根据凝结水水质污染状况及机组运行工况选择。根据运行模式不同，高速混床阴、阳树脂比例为 2∶3 或 2.7∶2（树脂比例可调）。

混床的高速混床失效后应停止运行进行再生。树脂的再生采用体外再生。

216. 高速混床树脂如何实现体外再生？

对于高速混床失效后，实现体外再生的流程见图 6-1。

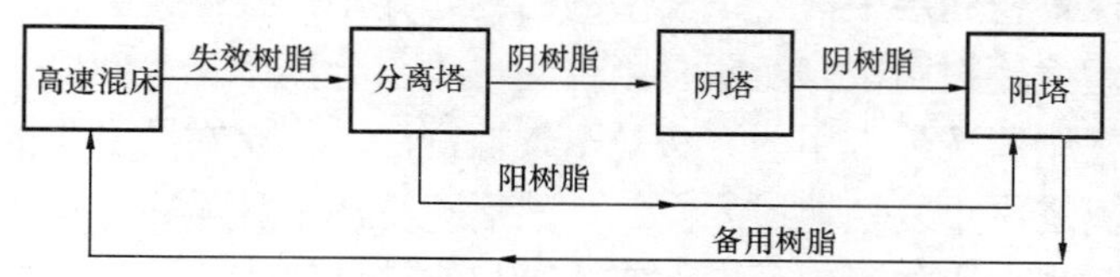

图 6-1 凝结水精处理体外再生系统树脂流程

（1）离子交换和树脂的再生在不同的设备中分别进行，简化了高速混床内部的结构，有利于离子交换采用较高的流速。此外，体外再生系统中的分离罐可做成细长形的，以便阴、阳树脂的分离。

（2）树脂在专用的再生器进行再生，有利于提高再生效率。在混床本体上无须设置酸、碱的管道，可以避免因偶然发生的事故而使酸或碱混入凝结水系统，从而保证正常运行。

（3）设置再生后树脂的储存器，使再生时设备停运的时间减少到最低限度。

（4）由于高速混床的运行周期很长，两台机组共用一套体外再生设备。

但体外再生也存在着管道长、树脂流失及磨损率较大等缺陷。

217. 混床再生运行操作是如何实现的？

为了提高高速混床出水水质和延长其运行周期，必须保证阴、阳树脂很高的再生度。影响树脂再生度高低的一个极为重要的因素是混床失效树脂再生前能否彻底分离。当树脂分离不完全时，混在阳脂中的阴脂被再生成 Cl 型，混在阴脂中的阳脂再生成 Na 型，这样在运行中势必影响出水水质。

树脂分离工艺根据水利分层原理，利用阴、阳树脂不同颗粒度、均匀度和不同比重，通过反洗流量的调整，形成树脂的不同沉降速度，从而达到使树脂分离的目的。

树脂分离前，必须要对树脂进行清洗。因为高速混床具有过滤功能，树脂层中截留了大量的污物，如不清洗掉，会发生混床阻力增大、树脂破碎及阴、阳树脂再生前分离困难等问题。

树脂清洗最常用的方法是空气擦洗法。就是在装有失效树脂的分离塔中重复性地通入空气，然后正洗的一种操作方法。擦洗的次数视树脂层污染程度而定，至出水清洁时为止。通入空气的目的是松动树脂层和使污物脱落，正洗是使脱落下来的污物随水流自底部排走。空气擦洗还可减少静电，防止树脂抱团，减少反洗时间和反洗流量，此外还可将粉末状树脂从树脂表面冲走，减少运行压降。空气擦洗也可在分离阴、阳树脂后分别进行再生时和再生后进行。在再生后进行擦洗，能除掉被酸、碱再生剂所松脱的金属氧化物。

反洗分层时，先用较高的反洗流速来反洗树脂层，然后慢慢降低反洗流速。首先使反洗流速降低到阳离子树脂的终端沉降速度，维持一段时间，使阳离子交换树脂积聚在上部锥形和下部圆柱的分离界面以下，形成阳树脂层，然后再慢慢降低反洗流速使阳离子树脂慢慢地、整齐地沉降下来。阳树脂沉降的同时，阴树脂也要开始沉降，当反洗流速降低到阴树脂终端沉降速度时，仍以此流速维持一段时间使得阴树脂积聚在上部锥形和下部圆柱的分界面下，形成阴树脂层，然后再慢慢降低反洗流速一直到零。通过水力分层后，可使阴树脂在阳树脂内和阳树脂在阴树脂内的含量（交叉污染）均低于 0.1%，达到彻底分离的目的。

218. 汽轮机凝结水水质硬度、碱度超过标准或混浊的原因是什么？如何处理？

表 6-1 汽轮机凝结水水质硬度、碱度超标或混浊的原因及处理方法

原因	处理方法
凝汽器真空部分漏气	通知汽轮机人员进行查漏和堵漏
凝结水泵运行中有空气漏入（如盘根漏气等）	换用备用凝结水泵，并检修有缺陷的凝结水泵
凝汽器的过冷度太大	调整凝汽器的过冷度
凝汽器铜管漏，冷却水进入凝结水中	铜管漏应采取堵漏措施，严重时将凝结水放掉

219. 凝结水溶解氧不合格是什么原因？如何处理？

表 6-2 凝结水溶解氧不合格的原因及处理方法

原因	处理方法
凝汽器铜管漏泄	通知汽轮机人员查漏和堵漏。向循环水中加入锯末，如无效时，则应降低负荷运行或将凝结水放掉，停机检修
凝汽器补充软化水，而软化水水质不合格	停止补充软化水，并联系水站检查软水水质，消除故障

220. 双水内冷水发电机为何要用除盐凝结水冷却？

因为除盐凝结水比合格的除盐水的含盐量还要少，电导率低、pH 值适宜、无硬度，而且溶解氧含量很少，不含微生物。如果采用化学除盐水作为发电机内冷水时，它的 pH 值一般在 6～7之间，而一般除盐水是未经过除氧的，因此发电机内冷水实质上成为含氧性酸性水，对发电机的空心铜导线有强烈的腐蚀作用。

所以对于正常运行中的水冷机组，最好采用除盐凝结水。用这样的水作为发电机的冷却介质，不仅冷却效果好，绝缘性优良，而且能防止结垢和腐蚀。

221. 发电机内冷水的水质有什么要求?

对于发电机内冷水而言，其品质对于发电机的安全运行有重要意义。因此，对其水质的具体要求是：由于有足够的绝缘性能（即较低的电导率）以防止发电机线圈短路；对发电机的空心铜导线和内冷水系统无侵蚀性；不允许发电机冷却水中的杂质，在空心导线内结垢，以免降低冷却效果，使发电机线圈超温，导致绝缘老化。

222. 发电机水冷系统水质恶化的原因有哪些?

发电机水冷系统水源有除盐水，也可用凝结水。在机组启动时，使用除盐水；当机组正常运行，水质合格后，可以切换用凝结水。通常对水冷系统水质，需测定电导率、硬度和含铜量等指标。如水冷系统水质恶化，原因可能有：

（1）水冷器铜管泄漏，使发电机冷却水出现硬度。

（2）加氨量过高，使发电机冷却水的电导率超标。

（3）铜管发生腐蚀现象，使水中含铜量增加。

（4）水冷箱换水量过小，也会导致水冷系统中杂质含量升高。

（5）当用除盐水作发电机冷却水源时，要注意除盐水箱的水质。如补水系统与自用水系统有连通门时，要避免固定床的酸性水或再生液渗漏入水冷系统。

第七章

循环冷却水处理

第一节　循环冷却水系统水处理基本知识

223. 凝汽器的冷却水为什么要进行处理？

电厂中使用的冷却水，主要是用于汽轮机的凝汽器作为冷却介质（通常将这种冷却水称为循环水）。

冷却水水质不好，能引起汽轮机凝汽器铜管内侧结垢或生成附着物。由于结垢或附着物的生成，会影响传热，因而导致凝结水的温度升高，从而使凝汽器的真空恶化，影响汽轮机的出力和运行的经济性；不仅如此，如冷却水水质不良还会引起铜管的腐蚀，甚至穿孔泄漏，使凝结水水质劣化，从而污染锅炉给水，直接影响电厂的安全运行。所以，凝汽器的冷却水必须进行适当的处理。

224. 什么是闭式循环水系统和开式循环水系统？

水不暴露于空气中，水的再冷是通过一定类型的换热设备用其他的冷却介质进行冷却的。这种循环水系统称为闭式循环系统。

冷却水通过换热器后水温提高成为热水，热水经冷却塔曝气与空气接触降温，冷却后的水再循环使用。这种以冷却塔作水的冷却设备的系统称为开式循环冷却水系统。

225. 循环冷却水中的污染物来源有哪些？

循环冷却水中的污染物来源是多方面的，包括：大气中的多种杂质（如尘埃、悬浮固体及溶解气体 SO_2、H_2S 和 NH_3 等）会通过冷却塔敞开部分不断进入冷却系统中；冷却塔风机漏油，塔体、填料、水池及其他结构材料的腐蚀、剥落物会进入冷水中；在冷却水处理过程中加入药剂后所产生的沉淀物；系统内微生物繁殖及其分泌物形成的黏性污垢等。

226. 什么是循环水系统的软垢?

在循环冷却水水中，由于养分的浓缩，水温的升高和日光照射，给细菌和藻类创造了迅速繁殖的条件。大量细菌分泌出的黏液像黏合剂一样，能使水中漂浮的灰尘杂质和化学沉淀物等黏附在一起，形成黏糊糊的沉淀物附着在换热器的传热表面上。这种沉积物有人称它为生物黏泥，也有人把它称为软垢。

227. 什么是缓蚀剂?

缓蚀剂又叫腐蚀抑制剂。凡是添加到腐蚀介质中能干扰腐蚀电化学作用，阻止或降低金属腐蚀速度的一类物质都称为缓蚀剂。其作用均是通过在金属表面上形成保护膜来防腐蚀的。

缓蚀剂有以下三种分类方法：按药剂的化学组成，一般可分为无机缓蚀剂和有机缓蚀剂两大类。按药剂对电化学腐蚀过程的作用不同，可分为阳极缓蚀剂（如铬酸盐、亚硝酸盐等）、阴极缓蚀剂（如聚磷酸盐、锌盐等）、两极性缓蚀剂（如有机胺类）三种。按药剂在金属表面形成各种不同的膜，可分为氧化膜型、沉淀膜型和吸附膜型。

228. 火力发电厂循环水处理水质控制指标有哪些，有什么作用?

(1) pH 值。pH 值的变化会对腐蚀和结垢产生直接的影响，因为在不同地区、不同的水质、不同的配方对 pH 值有不同的要求。

(2) 循环冷却水水处理浓缩倍数。浓缩倍数是冷却水的一个重要指标，通常用冷却水和补充水中的氯根的比值作为循环水的

浓缩倍数。由于氯根均呈溶解状态，一般不会在热交换设备上沉积，因此用氯根计算浓缩倍数比较合适。

(3) 循环冷却水水处理钙损失率。钙离子容易在热交换设备上沉积，不能用来计算浓缩倍数，但根据钙损失率可间接判断结垢情况。钙损失率不能大于20%。

(4) 循环冷却水水处理总磷浓度。循环冷却水中的总磷浓度，全有机磷配方代表着加药量，可检测加药浓度是否达到要求。

(5) 循环冷却水水处理浊度。浊度高是冷却水系统形成沉积的主要原因，因此要求浊度越低越好。浊度的变化反映了冷却水水质的变化，当发现浊度有较大变化时应及时查找原因采取措施，如菌藻的繁殖、补充水的水质变化都会影响浊度。

(6) 循环冷却水处理总铁量。三价铁离子能在金属表面形成沉积，同时也是铁细菌的营养源，铁细菌附着在热交换器或管道壁面上，能溶解铁元素形成暗褐色的铁瘤，造成设备的腐蚀穿孔。

(7) 循环冷却水水处理铜含量。铜离子析出在碳钢表面形成腐蚀微电池，加速金属的腐蚀。要求监测及控制铜含量$Cu^{2+} \leqslant 0.2mg/L$。

(8) 循环冷却水处理悬浮物。在含有较多悬浮物的冷水中，微生物所生成的黏液与悬浮物、二价铁离子能吸附和聚集在热交换器和管道壁面上，形成不均匀的污垢层，加剧金属的腐蚀。此外，悬浮物可作为微溶盐类的晶核，有促进微溶盐结晶沉淀的作用。要求悬浮物浓度控制在10～20mg/L。

(9) 循环冷却水微生物。在循环冷却水系统中，微生物腐蚀对于安全运行是一个潜在的隐患。微生物的繁殖、新陈代谢和悬浮物的影响，都会使冷却水系统产生不均匀污垢沉积、垢下腐蚀的严重后果，所以必须严格控制。

(10) 循环冷却水总溶固。控制在2500mg/L（根据水质及工艺确定）。

（11）循环冷却水电导率。控制在4000μS/cm（根据水质及工艺确定）。

229. 冷却水的化学处理方法有什么优点？

冷却水处理虽然有较多的方法，可以是物理法、物理化学法、化学法。目前，其他方法都没有在冷却水处理中得到普遍应用，不是效果不好，就是成本太高或使用有一定的局限性。独有化学处理方法得到日益广泛的应用，因为比较起来，化学处理方法的操作简单，综合效果也令人满意。提高循环水的浓缩倍数后，化学药品的消耗可以大大降低，在经济上也能为用户所接受。因此，其他的方法如阴（阳）极保护法、涂料法等使用得还较少，唯独化学处理法获得了普遍的使用。

冷却水的化学处理是用加入化学药品的方法来防止循环冷却水系统腐蚀、结垢和粘泥等问题的产生。常用的处理药剂有缓蚀剂、阻垢剂和杀生剂等。

230. 循环冷却水有哪些处理方法？

循环冷却水的处理可以归结为以下四个方面：

（1）去除悬浮物。增设旁滤装置，旁滤流量一般为循环水量的1%～5%，过滤去除悬浮物质。

（2）控制结垢。软化除盐或投加阻垢剂。

（3）控制腐蚀。投加阻垢剂，使金属表面形成一层薄膜将金属覆盖起来，从而与腐蚀介质隔绝，防止金属腐蚀。

（4）控制微生物。投加杀生剂。

231. 电厂循环水系统由哪些部分组成？

动力部分：水泵有一定落差的水源。冷却水输送的动力来源。

输送部分：管道，阀门，滤网，管道清洗装置（胶球清洗装置）。输送水的管道，避免冷却水管道生成微生物。

换热部分：换热器，如冷却塔、水水热交换器、水油热交换器、水汽热交换器、汽水热交换器。热交换使被冷却的水、油、气体冷却。

电厂冷却水的方式根据电厂的地理位置和系统需要又分为开式冷却和闭式冷却，一般在江河湖海旁建设的电厂为降低造价，节约运行成本采用开式冷却，水源较远地区一般采用冷却塔，风冷电厂和电厂内部采用闭式冷却。

第二节　循环冷却水系统的腐蚀结垢

232. 为什么凝汽器冷却管内会结垢?

由于冷却水在循环过程中，免不了有许多水量要损失，其中因蒸发而损失的是很纯的水，这与锅炉水的蒸发相类似，所以，冷却水会得到不断的浓缩，使总含盐量逐渐增加，使冷却水中的 $Ca(HCO_3)_2$ 浓度越来越大，但游离 CO_2 的浓度却会因挥发而减小，这两个因素都会促进 $Ca(HCO_3)_2$ 分解成 $CaCO_3$ 而析出。所以，当循环水浓缩到一定程度时，就会发生析出 $CaCO_3$ 的反应，造成凝汽器铜管内结垢，其化学反应式如下：

$$Ca(HCO_3)_2 = CaCO_3 \downarrow + CO_2 + H_2O$$

由于游离 CO_2 的不断耗损，促进上式反应向右进行，结果生成 $CaCO_3$ 沉积于铜管内表面上。这就是凝汽器铜管结垢的主要原因。

233. 什么是极限碳酸盐硬度?

极限碳酸盐硬度是指循环冷却水所允许的最大碳酸盐硬度值，超过这个数值，就会产生结垢。

循环冷却水处理过程中，最多使用的应该是阻垢剂，因为循环水在运行中会产生水垢和污垢，还会直接或间接地对金属设备、管道腐蚀，水垢的大量沉析，会使换热器降低换热效果，堵塞管路和设备，腐蚀会缩短设备的使用寿命，增加维修费用，甚至造成事故，影响生产。一般针对不同的循环水系统，根据系统的运行要求，要筛选专用的药剂。一般的大型工业循环水系统，主要投加具有阻垢、缓蚀、分散复核功能的药剂，另外，会根据系统的运行情况和菌藻的滋生情况定期投加一定的杀菌灭藻剂。

234. 有机磷酸盐阻垢剂处理冷却水的基本原理是什么？

有机磷酸盐阻垢剂，在冷却水中的阻垢效果很好，其阻垢原理是：

（1）络合机理。由于有机膦与 Ca^{2+}、Mg^{2+} 能生成稳定的络合物，降低了水中 Ca^{2+}、Mg^{2+} 的含量，因此生成 $CaCO_3$ 沉淀的可能性较小。

（2）有机磷不仅能和水中的 Ca^{2+}、Mg^{2+} 等金属离子形成络合物，而且还能和已形成的 $CaCO_3$ 晶体中的钙离子进行表面螯合。这不仅使已形成的 $CaCO_3$ 失去作为晶核的作用，同时，使 $CaCO_3$ 的晶体结构发生畸变，并产生一定的内应力，使 $CaCO_3$ 的晶体不能按严格次序继续生长，而是生成易被水流冲刷成分散的状态，从而使 $CaCO_3$ 晶核的溶解度提高。由于这种作用不是一种简单的化学反应，因此只要每升几毫克的药剂，就能使每升数百毫克的 $CaCO_3$ 以过饱和的状态存在于水中。

235. 对于循环水系统，存在哪些金属腐蚀形式？

对于循环水系统，存在三种金属腐蚀形式：电偶腐蚀、氧腐蚀和卤素腐蚀三种情况：

（1）由于不同金属组合在一起而引起的电偶腐蚀。电偶腐蚀又称双金属腐蚀或接触腐蚀。当两种不同的金属浸在导电性的水溶液中，两种金属之间通常存在着电位差。如果这些金属互相接触或用导线连接，则内部电位差就会驱使电子在它们之间流动，从而形成一个腐蚀电池。

（2）由溶解氧引起的氧腐蚀及氧浓差梯度腐蚀。由于金属的电极电位比氧的电极电位低，金属受水中溶解氧的腐蚀是一种电化学腐蚀，其中金属是阳极遭受腐蚀，氧是阴极，进行还原。

（3）由卤素离子引起的点状腐蚀（孔蚀）。卤素离子尤其是

氯离子造成的腐蚀都发生在孔隙或缝隙腐蚀中。在这种情况下金属在蚀孔内或缝隙内腐蚀而溶解，生成 Fe^{2+}，引起腐蚀点周围的溶液中产生过量的正电荷，吸引水中的氯离子迁移到腐蚀点周围以维持电中性，因此腐蚀点周围会产生高浓度的金属氧化物，之后金属氧化物会水解生成不溶性的金属氢氧化物和强腐蚀的盐酸。

236. 什么是循环水系统的细菌腐蚀?

细菌腐蚀是一种特殊类型的腐蚀，它是由于细菌的直接或间接地参加了腐蚀过程（如使电极电位和浓差电池发生变化）所起的金属毁坏作用。主要是噬铁菌、噬铜菌、硫酸盐还原菌及硝化细菌等。

在循环水系统中加入缓蚀剂（又称腐蚀抑制剂），可使金属的腐蚀受到抑制。缓蚀剂的缓蚀机理可从电化学腐蚀抑制和形成金属保护膜两个角度来看。从电化学腐蚀角度看，缓蚀剂抑制了阳极或阴极过程，在金属表面产生极化作用，使腐蚀电流减少，达到缓蚀作用。从成膜理论角度看，缓蚀剂在金属表面上形成一层难溶的保护膜，阻止了循环水中氧的扩散和金属的溶解等作用。

水处理药剂合理的配方很重要，应用在冷却水中，应当根据水质、物料泄漏、温度、浓缩倍数的要求，进行相应的配比。

237. 如何对循环冷却水进行微生物控制?

（1）细菌。产黏泥细菌是冷却水中最多的有害细菌，在水中它产生一种胶状、黏性的附着力较强的沉积物，这一些沉积物覆盖金属表面，降低了冷却效果，又阻止了阻垢剂和缓蚀剂在金属表面的阻垢、缓蚀作用，形成了沉积物下腐蚀（垢下腐蚀）。细菌中的铁沉积细菌在含铁的水中生长，覆盖在钢铁表面，形成氧浓差腐蚀电池，还从钢铁表面的阳极区除去亚铁离子，使钢铁加快腐蚀。其他还有产硫化细菌、产酸细菌、硫杆菌，将都是腐蚀的原因。

（2）真菌。如霉菌、酵母两种，它们能吸附在木质、水池壁和换热器上，使药剂与金属表面无法接触而失效，并能产生沉积物下的腐蚀。

（3）藻类。在向阳面将大量繁殖，形成团状或悬浮在水中或覆盖在金属表面。换热器中其沉积物的垢下腐蚀，将严重威胁着目标换热器，因此控制微生物是水处理过程中的一个重要环节。

对于细菌类的控制，可以采用杀生剂。这是控制水系统中微生物生长量有效和常用的方法，杀生剂又称杀菌灭藻剂、杀微生物剂或杀菌剂，能控制水中的微生物腐蚀和微生物黏泥的产生。

238. 降低氯离子含量对于防腐蚀的重要性有哪些？

氯离子和硫酸根均属水中腐蚀性离子，特别是氯离子会破坏金属表面形成的钝化膜，它能穿过细孔而产生点蚀。特别有污垢存在时，由于垢下是一个贫氧区，故成阳极，而水中 Cl^- 可以扩散进入阳极区，生成金属氧化物，而金属氧化物又可进一步水解产生 HCl，这又使铁的溶解度加剧，这样垢下小孔中 pH 值不断下降，故小孔中溶液不断酸化，又促进腐蚀。

故氯离子还有自催化的特性，降低工业水中氯离子含量，对改善设备腐蚀状况有一定的作用。在采用冷却水化学处理的循环水中，由于缓蚀阻垢剂投加，对控制金属腐蚀及防止污垢下 Cl^- 的浓缩，起到了一定作用。

239. 循环水系统运行过程中，若补充水浊度变化对其有何影响？

循环水系统的补充水其浊度越低，带入系统中可形成污垢的杂质就越少，干净的循环水不易形成污垢。当补充水浊度低于 5mg/L 时，可以不做预处理而直接进入系统；当补充水浊度高时必须进行处理，使其浊度降低，浊度一般控制≤20mg/L，否则会形成污垢，影响循环水水质。

240. 什么是循环水浓缩倍率值，一般控制在多少？

浓缩倍率：指对于一定浓度的水溶液而言，设其某种物质的含量为 S_0，经过蒸发以后其此物质的浓度变为 S_1，称 S_1/S_0 的值为此溶液在蒸发过程中的浓缩倍率。浓缩倍率的物理意义：是反映某水溶液蒸发能力强弱的物理量。设计浓缩倍数 3.0，在设备循环系统使用初期，热负荷偏低时难以达到，控制在设计指标（浓缩倍数为 3.0）。随着设备冷却系统逐步正常使用，浓度倍数逐步提高达到设计能力时浓缩倍数可达 4.0～5.0 倍。由于循环水浓缩倍数不仅是水质指标，也是运行的经济指标。

241. 控制浓缩倍率，对于电厂运行有什么意义？

循环水的含盐量与补给水含盐量之比为浓缩倍数。这是循环水处理中的一个重要的技术经济指标。控制方法是严禁任意排水，乱接水管，使系统密闭循环。发现漏水及时处理。

提高浓缩倍率的值，可以降低补充水量，节约用水量；还可以降低排污率，减小对环境的污染；节约循环水处理剂的消耗量。过多提高浓缩倍率值，会使循环水中的硬度、碱度和浊度升高，容易结垢；还使水中的腐蚀性离子和腐蚀性物质增加，极易产生腐蚀；使药剂在冷却水系统内停留时间长而产生水解。一般循环水浓缩倍率控制为 2.0～2.4，当值由 1.0 提高到 2.0 时，可节约水量占循环水量的 96.5%；当值由 2.0 提高到 3.0 时，节约水量仅占循环水量的 0.87%。

242. 电厂循环水系统为什么要进行杀菌灭藻处理？

在电厂循环水系统中有许多杂质，其中有有机质的，也有无机质的，有机物可使微生物生长，形成有机附着物，无机物可使凝结器铜管结垢，导致凝结水温度升高，从而使凝结器真空度下降，影响机组的安全经济运行。

循环水系统中有机物的形成和微生物的生长有密切关系，因为微生物在成长和繁殖的过程中会放出黏液，这些黏液将水中的黏泥和植物残骸黏附在一起形成绿色的黏垢，黏在循环水系统中。由于有些电厂循环水除垢处理采用的是有机磷酸盐处理法，对微生物有助长作用。因此，在循环水池中藻类繁殖较为严重。所以，电厂循环水处理主要包括防垢处理和防止有机附着物的杀菌灭处理。

循环水杀菌灭藻处理一般采用加杀生剂的方法，杀生剂分为氧化型和非氧化型两种。前者主要有液氯、漂白粉、二氧化氯、臭氧等，后者主要有氯代酚类、季胺盐类和丙烯醛类等。

第三节 循环冷却水系统的清洗与预膜

243. 为何要进行循环冷却水系统的清洗？有哪些清理方法？

清洗和预膜称为循环冷却水系统化学处理的预处理。清洗，对新系统可以清除循环冷却系统内的杂质和金属腐蚀物，提高预膜效果，减少腐蚀和结垢的产生；已投入运行的循环水系统，在使用较长一段时间后，当水质处理不够理想时，会使换热器传热表面上沉积下列一种或几种物质，如碳酸盐、硅酸盐、硫酸盐、磷酸盐等硬垢以及金属氧化的腐蚀产物，菌藻滋生的黏泥等。即使水质处理较好时，循环水经过较长期的运转后，浊度也会大大提高，这是因为循环水浊度的变化受到补充水浊度和空气灰尘等因素的影响。

循环冷却水系统的清洗方法，一般分为物理清洗和化学清洗。化学清洗对新系统来说，可以提高镀膜效果，减少腐蚀和结垢的产生。对已投入使用的老系统来说，可以保证长期安全运行，较低的操作费用，减少维修时间，节约能量，延长设备使用寿命等，因此在水质处理过程中，必须给以足够的重视。

244. 为何要进行循环冷却水系统的预膜？

预膜是为了提高缓蚀剂的成膜效果，常在循环水中投加较高的缓蚀剂量，待成膜后，再降低药剂浓度维持补膜即所谓的正常处理。这种预膜处理，其目的是希望在金属表面上很快形成一层

保护膜，提高缓蚀剂抑制腐蚀的效果。

冷却水系统经化学清洗后其管道及设备金属表面非常活泼，极易受空气和水中的氧气等腐蚀因子的侵蚀，若不及时采取钝化措施，会给金属带来比不清洗更为严重的后果。

245. 在什么情况下，要进行清洗与预膜？

根据循环冷却水系统的特点，特别是在机组发生停运后，如果发生下列情况，亦需进行清洗和预膜：

（1）年度大修系统停水后。

（2）系统进行酸洗之后。

（3）停水 40h 或换热器暴露在空气中 12h。

（4）循环水 pH<4 达 2h。

246. 循环冷却水系统的物理清洗有什么特点？

物理清洗是利用机械或水力的作用清除物体表面的污垢，其作用包括热能、电流、超声波、紫外线等作用。因此凡是利用热学、力学、声学、光学和电学的原理去除物体表面污垢的方法都应归为物理清洗的范畴。

物理清洗多数由于是干式清洗，不存在废水排放的难题，或是水力清洗的废液易于处理，相比之下，对环境的污染小对工人的健康损害小，对设备也无腐蚀破坏作用。其缺点是对于结构复杂的设备内部，其作用力不能均匀到达所有部位而出现“死角”，有时甚至需停车清洗，且常需配备动力设备，占地面积大，不易搬运等缺点。

247. 循环冷却水系统的化学清洗有什么特点？

化学清洗是利用化学药剂或其他水溶液清除物体表面的污垢，主要依靠清洗剂的化学作用。常见的化学清洗剂如各种无机酸、有机酸等可去除金属表面的锈垢、水垢，用漂白氧化剂、杀菌剂等杀死微生物，并除去物体表面的泥垢和黏泥。

化学清洗是利用化学药品的反应能力，具有作用强烈、反应迅速的特点，由于是液体，流动性好，渗透力强，易均匀分布到所有接触的金属表面，适合于清洗形状复杂的物体，而不至于产生清洗不到的“死角”，且可通过成分的分析监测了解和控制清洗进行的程度。

其缺点是一旦化学清洗药剂选择不当，会对清洗物造成腐蚀破坏，甚至损失，其产生的废液对环境有危害，且化学药剂操作不妥时会对工人的健康、安全造成一定的危害。

248. 化学清洗分类有哪些?

(1) 按使用的清洗剂化学清洗可分为碱清洗、酸清洗（分类为：无机酸清洗、有机酸清洗)、络合剂清洗、聚电解质清洗、表面活性剂清洗、杀生剂清洗、有机溶剂清洗。

(2) 按清洗的对象化学清洗可分为单台设备清洗、全系统清洗。

(3) 按清洗的装置可分为不停车清洗（在线清洗)、停车清洗。

249. 化学清洗前，要进行哪些技术准备工作?

进行化学清洗首先要对污垢的类型、设备的材质以及设备的结垢进行严格的诊断后才能制定有效的清洗方案。

(1) 确定污垢的类型：实地取样进行垢样的分析，包括污垢的种类、形态、厚度等，选用有效的清洗剂。

(2) 材质的组成：循环冷却水系统的设备一般是由多种材质制成，清洗前必须了解材质的种类，以选用无腐蚀的清洗剂。

(3) 设备的构成：循环冷却水系统的设备构成和工艺流程对清洗工作至关重要。清洗前应对设备的构成进行严格调查，确定是否会造成“死角”，或是因生产需要分段清洗，排污是否畅通，是否有泄漏等。

250. 如何对化学清洗的方法进行选择?

目前随着清洗技术的发展与进步，出现了许多化学清洗方

法，它们使用不同的清洗剂和缓蚀剂，清洗不同金属（材质）的换热器中沉积的污垢，取得了技术性的更新。

（1）碱清洗。碱清洗是以强碱性或碱性的化学药剂作为清洗剂去除疏松、乳化和分散设备内沉积物的一类方法。它主要用来清洗一些油脂和带有有机物的污垢，也可用表面活性剂所代替。

（2）酸清洗。酸能有效的清洗掉金属设备中由碳酸盐组成的硬垢和由金属氧化物组成的腐蚀产物。酸与金属的碳酸盐或氧化物反应，使之转变为可溶性的金属盐类。

无机酸一般是强酸，除垢率高，清洗时间短，清洗成本低，主要适用于垢和锈比较严重的系统或单台设备的清洗。但对金属设备有较强的腐蚀性，因此，酸洗前需向酸洗液中加入一些专用的高效酸洗缓蚀剂，以减轻对被清洗设备金属基体的腐蚀。

（3）络合剂清洗。络合剂又称配体，络合剂清洗是利用各种络合剂（其中包括螯合剂）对各种成垢离子（如 Ca^{2+} 、Mg^{2+} 、Fe^{2+} ）的络合作用或螯合作用，使之生成可溶性的络合物（配位化合物）或螯合物而进行的清洗。

络合剂清洗中常用的无机络合剂有聚磷酸盐、聚马来酸等，常用的有机螯合剂有柠檬酸、乙二胺四乙酸（EDTA）或氮三乙酸（NTA）等（$C_6H_8O_7 \cdot H_2O$、$C_{10}H_{16}O_8N_2$）。

络合清洗剂具有溶垢效率高，对基体金属和水泥设施的侵蚀性极小，无氢脆和晶间腐蚀等优点，故常被应用于循环冷却水系统的不停车清洗中。

（4）表面活性剂清洗。表面活性剂和湿润剂通常用于清洗冷却水系统中含油或含有胶体物质的沉积物，它能分散水中的油类、脂类和微生物产生的沉积物。通常与无机盐（Ca^{2+} 、Mg^{2+} 、Fe^{2+} ）清洗剂复合后并用。

（5）聚电解质清洗剂。冷却水全系统的停车或不停车清洗中常常采用聚电解质进行清洗，聚电解质主要是一些在支链上具有能在水中电离基团的高分子聚合物或共聚物。它不但可以防止成垢物质从水中析出再次沉积，使冷却水（冷冻更适宜）系统中原有的污垢变的疏松而逐渐脱落，还可以达到清除污垢、保护金属腐蚀的目的。聚电解质清洗时，往往需要和表面活性剂，湿润剂、杀生剂、渗透剂等联合使用。

（6）杀生剂清洗。当冷却水系统中产生了微生物和黏泥比较严重时，可采用杀生剂清洗，常用的复合剂：低泡的非离子表面活性剂和非氧化性杀生剂以及季胺盐类杀生剂。进行不停车的清洗，将微生物黏泥和藻类从设备上剥离下来。

251. 如何进行循环冷却水的清洗？

对循环水系统加药装置（人工加药除外），排污阀门，补充水阀门，pH仪表，补、排水流量计等逐一确认，使其能满足清洗时加药、排污和补水需要，若不能满足，应采取临时措施。

将化学清洗及预膜所需药品运到现场，调试好加药装置（人工加药除外），按要求做好各项分析准备，在清洗前一天呈待命工作状态。

检查集水池液位，调整循环水池液位到安全水位，并使循环冷却水流量到最大。

分析循环冷却水中pH值、浊度、碱度、总铁及硬度（具体分析项目由药剂厂家提出，分析室人员分析）。

在化学清洗过程中，所有进水换热设备必须开启阀门至最大，以保证清洗效果。

根据系统储水量向循环水系统首次投加清洗剂（酸性），1h后，分析检测循环水系统的pH值。

清洗期间尽量不排污、不补水，以免降低清洗剂的浓度。如浓度降低应及时补加清洗剂。

化学清洗时间应根据系统浊度、总铁、总硬度变化而定，一般清洗时间为24～32h。

清洗结束后尽量将水排空，然后再补充一次水进行置换，置换至系统总磷小于30×10^{-6}、浊度小于15×10^{-6}，即可停止置换。如果置换时间较长，则应控制循环水pH在7～8（用硫酸

调节）之间进行置换。

252. 怎样进行循环冷却水的预膜？

系统清洗后，循环冷却水的浊度控制在小于 10mg/L 以下时，这时可以开始进行预膜。预膜时，按下列流程开始进行：

（1）停止冷却水系统的排水和补水。

（2）可将预膜剂缓缓加入水池。一般多选用磷系预膜剂，循环 1h 后，分析检测循环水系统的 pH 值；pH 控制在 5.5～6.5。

（3）预膜时间需 36～48h（常温）。如预膜水温是 50℃，则时间可缩短到 8h。预膜过程中要注意热负荷的变化。

（4）预膜完成可见膜层均匀细致，色晕一致无锈蚀（挂片）。

（5）预膜结束时，加大补水量和排水量，尽快进行系统水的置换并转入正常处理。

253. 影响聚磷酸盐预膜效果的因素有哪些？

（1）流速。$0.5m/s \leqslant V \leqslant 3m/s$。

（2）聚磷酸盐浓度。一般 $60mg/L \leqslant C \leqslant 800mg/L$。

（3）Ca^{2+}。一般 $Ca^{2+} \geqslant 80mg/L$。水中钙离子在 100～200mg/L时，预膜效果较好，低于 50mg/L 时，预膜效果欠佳。

（4）温度 50℃，预膜时间仅需 4～8h，常温预膜则需 36～48h。水温过高，则聚磷酸盐将水解而被破坏。

（5）pH 值。预膜的最佳 pH 值为 5～7。pH 值超过 8 时，易产生污垢使局部腐蚀趋势加大。pH 值小于 5 时，聚磷的络合物将被破坏。

（6）锌离子。聚磷和锌离子复合使用由较好的缓蚀作用，锌离子有快速成膜的特性，聚磷酸盐的膜有耐久特性。

（7）浊度。一般浊度小于 10mg/L。

254. 氧化膜型缓蚀剂有什么特性？

氧化膜型缓蚀剂又叫钝化膜型缓蚀剂。它能使金属表面氧化，形成一层致密的耐腐蚀的钝化膜而防止腐蚀。如铬酸盐在溶液中使碳钢表面生成一层Y—Fe_2O_3金属氧化物的膜，它紧密地牢固地黏附在金属表面，改变了金属的腐蚀电势，并通过钝化现象降低腐蚀反应的速度。

氧化膜型缓蚀剂的防腐作用是很好的，但是这类缓蚀剂如果加入量不够，不足以使阳极全部钝化，则腐蚀会集中在未钝化完全的部位进行，反而引起危险的点蚀，所以这类缓蚀剂往往用量较多。氧化膜型缓蚀剂在成膜过程中会被消耗掉，故在投加这种缓蚀剂的初期时，需加入较高的浓度，待成膜后就可减少用量，加入的药剂只是用来修补破坏的氧化膜。氯离子、高温及高的水流速度都会破坏氧化膜，故应用时要考虑适当提高其浓度。

第四节　凝汽器铜管内水垢处理

255. 凝汽器铜管腐蚀有哪些危害？

在电厂中凝汽器铜管一旦腐蚀穿孔，其后果是十分严重的。因为铜管内侧是冷却水，外侧是凝结水，一旦铜管泄漏，就会有大量的冷却水侵入凝结水中，从而严重污染给水水质。这就是造成锅炉水冷壁管腐蚀、结垢、爆管的重要原因。假若铜管大面积腐蚀损坏，还会造成更严重的事故。

256. 凝汽器铜管腐蚀形式有几种？

凝汽器铜管水侧的腐蚀状态，因凝汽器的构造、材料、使用条件和冷却水水质等不同，其腐蚀状态也是多种多样的，大体可分为均匀腐蚀和局部腐蚀两大类，按其腐蚀原因和腐蚀状态可分为如下10种形式：

（1）溃蚀（包括：冲击性腐蚀、入口段的腐蚀、砂蚀）。

（2）脱锌腐蚀。

（3）沉积物下腐蚀。

（4）热点腐蚀。

（5）应力腐蚀。

（6）疲劳腐蚀。

（7）在铜管汽侧发生的氨腐蚀。

（8）高温水和水蒸气对铜管的腐蚀。

（9）污染海水产生的腐蚀。

（10）微生物腐蚀。

257. 氨为什么能腐蚀凝汽器铜管?

因为氨能和铜合金中的铜、锌作用，生成铜氨和锌氨络离子［$Cu(NH_3)_4^{2+}$、$Zn(NH_3)_4^{2+}$］，这样会使原来不溶于水的$Cu(OH)_2$保护膜转化成易溶于水的络离子，破坏了它们的保护作用使黄铜遭受腐蚀，如由于铜氨、锌氨络离子的形成，加速腐蚀电池的阳极过程，因而促进了铜合金的腐蚀。但是在氨含量不大时，这种作用很微弱，只有氨含量超过一定范围时，才会对铜合金产生强烈腐蚀。

258. 凝汽器铜管汽侧产生氨蚀的主要原因是什么?

（1）氨的浓度过高。氨的浓度过高造成的氨蚀是由于凝汽器内有氨的局部浓缩引起的，浓缩程度随凝汽器的结构和进行条件的不同而有所不同。根据各种凝汽器所产生的氨蚀来看，空冷区上部开放的腐蚀轻，空冷区上部有隔板覆盖的腐蚀比较严重，这就是由于氨浓度不同所致。在汽轮机负荷低时，由于凝汽器、空冷区中氨浓度增加（最高浓度可达10mg/L），使腐蚀加剧。

（2）氧的存在。不含氧的凝结水中，只有当NH_3浓度达到100～300mg/L时，才会出现显著的铜管腐蚀，而在有氧的情况下，含NH_3量达到3mg/L腐蚀速度就可能出现升高的现象。为了保持给水的pH值在8.5～9.2的范围内，又要避免氨对铜管的腐蚀，给水中含NH_3量通常在1.0～2.0g/L以下。

259. 铜管内形成有机附着物有何危害？如何防止?

有机物附着在凝汽器铜管内壁上便形成了污垢（这种污垢称

为黏垢)。它们的危害和水垢一样,能导致凝汽器端差升高和真空下降,影响汽轮机的出力和经济运行,同时也会引起铜管的腐蚀。

防止凝汽器铜管内产生有机附着物的主要方法是:杀死冷却水中的微生物,使其丧失附着在管壁上的能力,杀死微生物的方法很多,如加氯、硫酸铜或臭氧等,目前在电厂中常用的是以氯杀菌,称为水的氯化处理。

260. 影响有机附着物形成的因素有哪些?

(1) 温度。大多数微生物生长和繁殖最合适的温度是 20℃或比 20℃稍高一点,但如高于 35℃,那么在凝汽器中常见的微生物大部分就要被杀死。因此,凝汽器中有机附着物的生长,以春秋季最为严重。但在夏季,因为水温高,冷却效果本来已比较差,如在凝汽器铜管内积有有机附着物,凝结水温度就会显著升高,使凝汽器真空恶化,危害性更大。

(2) 冷却水含砂量。当冷却水中夹带有大量的黏土和细砂等杂质时,它们会把有机物冲掉,在用江河水作冷却水时,遇到洪水时期,凝汽器铜管内不会有有机附着物。

(3) 铜管的洁净程度。在洁净的铜管内微生物不易生长。一般在相同的条件下,不洁净的旧铜管内附着的有机物量约为洁净新铜管的 4 倍。其原因是新铜管管壁上有一层铜的氧化物,它可以杀死微生物,而在旧铜管内它被外来的附着物覆盖了。

261. 有机附着物在铜管内形成的原因和特征是什么?

冷却水含有的水藻和微生物常常附着在不洁净的铜管管壁上,在适当的温度(25℃左右)下,从冷却水中吸取营养,不断地成长和繁殖,而冷却水温度大都在此温度范围内,所以,在凝汽器铜管内最容易生成这种附着物。

有机附着物往往混杂一些黏泥、植物残骸等。另外,还有大量微生物和细菌的分解产物(蛋白质、脂肪和碳水化合物),所以铜管管壁上有机附着物的特征大都是灰绿色或褐红色黏膜状态，而且往往有臭味。

262. 凝汽器铜管内有无生成附着物如何判断？

当铜管内有附着物时，相当于管内增加一层绝热层，使传热效果降低和水流截面减小，表现有以下几个方面：

（1）铜管内水的阻力升高；

（2）循环水流量减小；

（3）出口冷却水和蒸汽侧的温差增大；

（4）真空度降低。

263. 氯气的杀菌原理是什么？

氯气加入水中之后，在几秒钟内很快水解而产生次氯酸，其反应如下：

$$Cl_2 + H_2O \rightleftharpoons HClO + H^+ + Cl^-$$

次氯酸 HClO 在水中又部分地离解为：

$$HClO \rightleftharpoons H^+ + ClO^-$$

氯的杀菌作用，主要是靠次氯酸 HClO。由于次氯酸的分子量很小，是中性分子，它能很快扩散到带负电的细菌表面，并透过细菌的细胞壁而穿透到细菌的内部，以氯的强氧化作用来破坏细菌赖以生存的酶系统，从而阻止细菌吸收葡萄糖，停止新陈代谢，使细菌死亡，以达到杀生的目的。

次氯酸根 ClO^- 是离子态的，也具有一定的杀生作用，但由于细菌表面带负电荷，因同性相斥而难以接近，故 ClO^- 的杀生效果较差。

氯气的杀生效果还与水的 pH 值等有关，通常在 pH 值低时，效果比较好。

264. 冷却水氯化处理的加药量如何控制？

进行氯化处理时，各种反应中消耗掉的氯量无法估算，即使是同一水源，其量也会因水温、加氯量和接触时间等条件的不同而有所差别。加氯的目的就是为了杀死微生物。经验证明，只要冷却水中的过剩氯的含量控制在0.2～0.5mg/L，就可以达到上述目的，所以应严格监督和控制，使余氯量在此范围内。加氯方法：一般不需要连续不断地进行，可根据具体情况，按季节定时进行，只要做到凝汽器不因有机物而影响运行就可以了。

药品加入点一般应由凝汽器入口处的沟道中加至冷却水中，因为这样有利于杀死进入凝汽器冷却水中的附着于凝汽器铜管上的微生物。

265. 氯有哪些特性？使用中应注意什么？

氯在常温常压下为黄绿色，是一种有刺激性、有毒的气体。常温时将氯加压到0.6～0.8MPa时，它就会变成液态（如20℃时，需加压到0.65MPa）。

氯的工业用品是装在钢瓶中的液态氯，为了保持液态，在钢瓶中有较高的压力。液态氯变成气态时需要吸收大量的热，所以当耗用量较大时，在液态氯瓶的出口处易冻结，从而会阻碍氯瓶的放氯过程。为此在放氯时可用温度不超过40℃的水洗淋氯瓶，使其保持一定的温度。因氯的常温下是一种有毒的气体，所以在加氯时要严禁氯气漏到大气中。为此，加氯设备应该绝对严密，同时在做此项工作时，一定要制定出安全措施和操作规程。

加氯是用成套加氯机进行的，其运行程序是：氯气（来自氯瓶）经过安全阀、控制阀等设备后，用水力喷射器，将其带至冷却水中。

266. 为什么不宜将氯瓶内的液氯都用光？

氯气在干燥的时候，化学性质不活泼，不会燃烧。但在遇水或受潮后对金属有严重的腐蚀性，化学性质十分活泼。因此，在氯气的使用过程中，特别要注意盛氯钢瓶不能进水，以免钢瓶腐蚀，发生事故。所以使用时，钢瓶内的液氯不宜全部用光，要留10～15kg。更不宜抽空，以防止漏入空气和带进水而产生腐蚀和发生事故。

267. 在液氯钢瓶上洒水是起什么作用?

钢瓶内的液氯，在使用的过程中，因气化挥发需吸收大量的热，每气化 1kg 液氯，约吸收 2.9×10^2J（69 cal）热量，故会使氯气钢瓶外壳周围温度降低而结露，从而阻碍了液氯的进一步气化。为此，在使用过程中，把水淋洒在氯气的钢瓶上，并不是为了冷却，而是供给液氯气化时所需要的热量。

268. 液氯钢瓶在使用过程中，有哪些注意事项?

（1）氯瓶不能在烈日下曝晒，不能靠近炉火或高温处，以免迅速氯化时发生意外。液氯钢瓶上装有一只或数只低熔点安全塞，由熔点为 70℃左右的合金制成，一旦氯瓶超温，安全塞自行熔化，氯气从钢瓶内逸出，不致引起钢瓶爆炸。钢瓶内的液氯不装满，一般只装 80%左右，其中 20%为气态氯空间。

（2）卧式氯瓶上有两只出氯气总阀，使用时，一个阀在上，一个阀在下。氯气是从上面一只总阀接入加氯机的。

（3）氯瓶的总阀外边，要装以保护帽，防止运输和使用时碰坏。氯瓶上的螺纹全部都是右旋螺纹，使用时应注意旋转方向。

（4）氯瓶外壳要安装喷淋水装置，以供给液氯气化时的热量。

（5）氯瓶在使用时，不可把氯全部用光，要留 10～15kg 余量，或 50kPa（0.5kgf/cm^2）余压。更不能抽成真空，以免水倒回，引起腐蚀。

（6）在氯瓶与加氯机之间要设置中间缓冲槽，可使氯气中的杂质沉落在缓冲槽中。万一加氯机发生故障，中间缓冲槽可以起保护作用，以防止水回到氯瓶中。

（7）严防氯瓶碰撞。要轻装轻卸，不要滚动，严禁采用抛、滑及其他引起碰撞的方法装卸，以免发生事故。

（8）按规定期限进行氯瓶的检查和试压，严格执行氯瓶使用安全规程。

（9）使用氯瓶场所的周围，不得有火种和易燃物。放置地点的气温应低于40℃。

（10）使用氯瓶时，如发生瓶阀冻结，严禁用火、开水、蒸汽等直接加热瓶体，以免发生爆炸。只可用35℃以下的温水或湿布加热。

269. 加氯操作要注意哪些安全事项？

（1）套在氯瓶阀上的安全帽应当旋紧，不可随意去掉，吊运及上、下车操作都要小心轻放。

（2）在加氯操作前，应先用10%氨水检查氯瓶是否漏气，如发现有白色烟雾时，表示有漏氯，要处理好再使用。

（3）加氯机和氯瓶不要放在阳光下或靠近其他热源附近。

（4）如操作氯瓶的出氯总阀，发现阀芯过紧，难以开启时，不允许用榔头敲击，也不能用长扳手硬扳，以免扭断阀颈。

（5）如发现加氯机的氯气管有阻塞，需用钢丝疏通，再用打气筒吹掉杂物，切不可用水冲洗。

（6）开启氯瓶出氯总阀时，应先缓慢开半圈，随即用10%氨水检查氯瓶是否漏气。

（7）如发现大量漏气时，首先，人要居上风侧，并立即组织抢救。抢救人员必须戴好防毒面具，漏氯部位先用竹签塞堵。并将氯瓶移至附近水体中，用大量自来水（或碱水）喷淋，使氯气溶于水中，排入污水管道，以减少对空气的污染。

（8）加氯的过程中，如水射器的压力水突然中断时，应迅速关闭氯瓶的出氯总阀。

（9）使用中的氯瓶应挂上"正在使用"的标牌，氯瓶用完后应挂上"空瓶"标牌，新运来的应挂上"满瓶"标牌，以便识别。瓶子要求专瓶专用，不可混用。

270. 加氯系统漏氯时如何查找？

氯气是极毒气体，一旦出现泄漏氯，要迅速采取安全措施，及时寻找泄漏点并予处理。安全措施包括戴防毒面具，停加氯机，进行通风等。

在查找泄氯点时，可用氨水进行，其反应如下：

$$2NH_4OH + Cl_2 = NH_4Cl + NH_4ClO + H_2O$$

上式中生成的 NH_4ClO 是一种极易挥发的白色雾气，一旦发现有白色雾气冒出，即为泄氯点，然后进行消除。

271. 循环水药品投加有哪些具体操作规定？

（1）缓蚀阻垢剂的投加。

根据循环水中药剂的浓度调节投加速率，确保连续稳定投加，将循环水中的总磷控制在水质指标的范围内。

（2）杀菌灭藻剂的投加。

根据循环水系统的菌藻繁殖情况投加，循环水中菌藻的繁殖与季节、水温、补水、循环水中的营氧源等有关系。一般的杀菌剂采用冲击式或连续投加，但都要保持一段时间药剂在水中的有效浓度。

（3）浓硫酸的投加。

浓硫酸的投加是为了将循环水中的碱度、pH 控制在水质指标的范围之内。浓硫酸的投加一定要注意安全同时确保连续、稳定投加，严禁出现大的波动，造成循环水系统的不稳定，甚至对循环水系统造成腐蚀或结垢。目前，现场普遍存在加酸装置简单、酸罐太小、调酸程序复杂等问题。

第八章

废 水 处 理

第一节　废水的种类与性质

272. 废水分类的方法有哪些？

废水的分类方法较多，从不同的角度有不同的分类方法。据不同的来源可分为生活废水和工业废水两大类；据污染物的化学类别又可分为无机废水与有机废水；也有按工业部门或产生废水的生产工艺分类的，如焦化废水、冶金废水、制药废水、食品废水等。实际使用中据不同的条件使用不同的分类方法。废水中的污染物种类繁多，分类方法也不相同，一般按污染产生的原因可分为以下几类：固体污染物、需氧污染物、有毒污染物、营养污染物、生物污染物、感官污染物、酸碱污染物、油类污染物和热污染物等。

273. 电厂废水有些什么特点？

与化工、造纸等工业废水相比，火电厂的废水种类较多，主要污染物也有所不同，主要特点见表8-1。

表8-1　　废水的特点

废水种类	主要污染物成分	来　源
循环水排污水	无机盐、有机物、悬浮物、磷等	循环水系统

续表

废水种类	主要污染物成分	来源
冲灰、冲渣废水	无机盐、悬浮物、pH高	冲灰、除渣系统
含煤废水	悬浮物、油、无机盐	储煤、输煤系统
机组杂排水	油、悬浮物	锅炉排污、水汽系统杂排水
化学车间废水	无机盐、悬浮物	除盐系统产生的反洗废水、再生废液以及反渗透浓排水
生活污水	有机物、氨氮、细菌、悬浮物	生活排水
其他废水	油、悬浮物	油系统排水；主厂房外部分设备的冷却排水等

（1）废水的种类很多，水质水量差异很大。电厂主要的废水包括循环水排污水、灰渣废水、工业冷却水排水、机组杂排水、含煤废水、油库冲洗水、化学水处理工艺废水、生活污水等。

（2）废水中的污染成分以无机物为主。在生产过程中进入水体的有机污染物主要是油，其他有机成分很少。

（3）间断性排水较多。

274. 废水中的悬浮物含量用什么来表示？

悬浮物是水中最常见的污染物，也是一项重要的水质指标。悬浮物的多少用单位体积的水中所含悬浮物的质量表示，即质量浓度，单位一般为mg/L。

废水中悬浮物含量的多少也可用浊度表示。水中含有泥土、粉砂、微细有机物、无机物、浮游生物等悬浮物和胶体物都可以使水体变得混浊而呈现一定浊度。浊度是在外观上判断水是否被污染的主要特征之一。在水质分析中规定，1L水中含有1mgSiO_2所构成的浊度为一个标准浊度单位，简称1度。

悬浮物的危害主要是造成沟渠、管道和抽水设备的阻塞、淤积和磨损；造成水生生物的呼吸困难；造成给水水源浑浊；干扰废水处理设施和回收设备的工作；有些悬浮物还有一定的毒性。几乎所有的废水中都含有数量不等的悬浮物，因此除去悬浮物是废水处理的一项基本任务。

275. 什么是废水中的重金属污染？有什么严重后果？

水污染中所指的重金属主要是 Hg、Cr、Cd、Pb、As、Ni、Ce、Cu、Zn、Ti、Mo 等，主要的是前面 5 种，即 Hg、Cr、Cd、Pb、As。不同重金属的来源不同，主要来自工业废水。不同的重金属对生物所产生的毒性也不同。如汞进入人体后被转化成甲基汞，在脑组织内积累，破坏神经功能，且无治疗药物，严重时能造成死亡。铬中毒时引起全身疼痛和骨节变形。其他的重金属中毒分别有不同的症状。

276. 重金属污染有什么特点？

重金属污染有如下特点：

(1) 毒性以离子状态最大，且不同价态的毒性不同。如 Cr^{6+} 的毒性大于 Cr^{3+}，但 As^{3+} 的毒性大于 As^{5+}。

(2) 很难被生物降解，有时还可以被生物转化成毒性更大的物质，如汞在生物体内转化成甲基汞就是最典型的例子。还有，大多数重金属还可以在生物体内富集，这样虽然在水中重金属的浓度不高，但通过生物富集以后，也有可能造成危害。据研究，海水中的汞通过食物链可富集 2 万倍。

(3) 重金属进入人体后，能够和生理高分子物质（如蛋白质和酶等）发生作用而使这些高分子物质失去活性，也可能在人体的某些器官内积累，造成慢性中毒，这种危害有时需要相当长的时间才能显现出来，且很难消除。

(4) 有些重金属是人体必需的元素，人体缺乏这些元素也会产生某种疾病，但过量又会中毒，更为严重的是有些重金属缺乏时的症状和中毒时的症状相同。如锌，儿童缺锌时会出现厌食、异食等症状，但锌中毒时也会有相同的症状。

277. 什么是水中的酸碱污染物?

主要是指进入水体的无机酸和碱，它们影响水体的pH值，其危害主要是对水体中生物的影响。每种生物都有自己适宜生长的pH值，太低太高都会影响其生长。水中的酸和碱对水中的建筑物及船只也造成腐蚀，特别是低pH值时更为严重。另外含酸或碱的废水排入农田会改变土壤的性质，使土地盐碱化，危害农作物。废水中酸碱污染物的多少常用废水的pH值表示。浓度高时也用酸或碱的质量分数表示。

278. 什么是水中的油类污染物?

油类污染物一般是指比水轻能浮在水面上的液体物质，多指油类。主要影响是它不溶于水，进入水体后会在水面上形成薄膜，影响氧气的溶入，降低水中的溶解氧。水中含油达到0.01mg/L时即可使鱼肉带有特殊气味而不能食用。油膜还能附在鱼鳃和其他水生生物的呼吸器官上，使生物呼吸困难，严重时会导致死亡。含油废水对植物也有影响，妨碍通气和光合作用的进行，使农作物减产，甚至绝收。石油进入湖泊和海洋后不仅对水体造成影响，还会影响海滨环境，特别是在游览水域。

油类污染物主要来自炼油厂废水，石油运输过程的泄漏，油库的渗漏，大多数工业废水中或多或少地含有油类污染物。废水中油类污染物的多少也用质量浓度表示，单位为mg/L。

279. 什么是水中的需氧污染物?有什么严重影响?

需氧污染物主要是指废水中所含的能被微生物降解的有机物，有些是有毒的，但这类有机物的大部分本身是无毒的。它们造成污染的主要原因是在其生物降解的过程中消耗水中的氧，使水中的溶解氧降低，影响水生生物的生存，严重时使水发黑发臭。由于此类有机物的种类太多，成分太复杂，直接用有机物的浓度来表示其含量几乎是不可能的。因此水处理工程中用间接指标来表示其含量。

280. 什么是废水中的BOD？如何表示？

所谓BOD，就是生物化学需（耗）氧量（biochemical oxygen demand）的简称。生物化学需（耗）氧量表示在一定条件下，单位体积废水中所含的有机物被微生物完全分解所消耗的分子氧的数量，单位为mg（氧）/L（废水）。

由于有机物降解的过程是生物化学反应，因此所须时间较长，一般需要20d左右才能完成，因此需氧量与测定时间有关，测定时间不同所得结果也不同。另外BOD的测定结果也与反应温度有关。为了便于比较，一般都用20℃时5d生化需氧量来表示，即废水中的有机物在20℃时被微生物分解5d所消耗的氧量，记为BOD_5。相应的废水被微生物分解20d所消耗的氧量记为BOD_{20}。对于同一废水BOD_5与BOD_{20}之间有一定的关系，如生活废水BOD_5∶BOD_{20}≈0.7。但不同废水其比值差异较大。生化需氧量能较准确地表达水中耗氧污染物的污染程度，BOD_5越高的废水，所产生的污染越严重。BOD_5是废水的一项重要指标。

281. 什么是废水中的COD？

所谓COD就是化学耗氧量（chemical oxygen demand）的简称。生化需氧量的缺点是测定时间长，一般需要5天，实际使用不方便，特别是对于指导废水处理过程更不方便。因此又提出了化学耗氧量的指标。即用化学氧化剂氧化分解废水中的有机物，用所消耗的氧化剂中的氧来表示有机物的多少，单位仍为mg/L。常用的氧化剂有$K_2Cr_2O_7$和$KMnO_4$。

同一种废水用不同的氧化剂所得结果不同，一般是用下标表示不同的氧化剂，用$K_2Cr_2O_7$时表示为COD_{Cr}，用$KMnO_4$时表示为COD_{Mn}。也有人为区分不同的氧化剂而把用$K_2Cr_2O_7$氧化所得结果称为化学需氧量（COD），把用$KMnO_4$所得结果称为化学耗氧量（OC）。COD的测定较快，仅需2h。对于同一废水，上述指标之间的关系一般为$COD_{Cr}>BOD_{20}>BOD_5>COD_{Mn}$。

282. 什么是废水中的TOC?

所谓TOC就是总需氧量（total oxygen demand，简称TOD）和总有机碳（total organic carbon，简称TOC）的简称。COD的测定比BOD_5快了许多，但对于指导废水处理过程的操作仍嫌太慢，因此又提出了测定速度更快的TOD和TOC。方法是在900℃下，以铂为催化剂，使水样汽化燃烧，然后测定气体载体中氧的减少量，作为有机物完全氧化所需的氧量，称为总需氧量；在同样条件下测定气体中二氧化碳的增量，从而确定出水样中碳元素的含量，称为总有机碳。上述两种方法测定迅速，只需几分钟，但设备复杂，而且BOD与TOD和TOC之间无固定关系。

283. 如何对火电厂废水进行分类?

废水综合利用的基础就是对废水进行合理的分类，同一类废水可以采用同一类处理工艺实现回用。在实际应用中，根据火电厂各类废水的水质水量特点，以合理处理、有效回用为目标，可以将火电厂的废水分为以下几类：

(1) 除盐废水。这类废水包括机组杂排水、工业冷却水系统排水、风机轴承水等。这部分水的共同特点是在使用过程中，压力没有发生大的变化，而且从品质上来说，在简单处理后，可以进入系统重新利用。

(2) 深度废水。这类废水的特点是水在使用过程中因为浓缩或者加入了酸、碱、盐而使含盐量大幅度升高，一般含盐量可达工业水的数倍以上。这种水除了用于冲灰、除渣、煤场喷淋之外，回用必须经过深度脱盐处理，回用成本比较高，所以目前的回收利用率较低。这类水通常直接用于冲灰。

(3) 循环废水。这类废水包括含煤废水、冲灰除渣废水。这部分废水的水质比较特殊，通常悬浮物很高。含煤废水的悬浮成分主要是煤粉，灰水则主要是灰粒。另外，灰渣废水的含盐量和pH值都比较高（以前的水膜除尘系统灰水的pH值较低，现在已比较少）。由于组分比较特殊，因此通常不与其他废水混合处理，而是单独处理后循环使用；处理工艺以沉淀为主，目的是除去水中的悬浮物。

（4）不能回用废水。这些废水水质极差，因处理成本极高而没有回用价值。例如脱硫废水，其含盐量、悬浮物、重金属离子含量都很高，但水量较小，一般单独处理后达标排放。还有一些非经常性废水，如化学清洗废水、空气预热器烟气侧冲洗废水等都只能排放。

284. 生活污水的组成与特征有哪些?

生活污水是指人们生活过程中排放的废水，主要包括粪便水、洗浴水、洗涤水和冲洗水等。生活污水中一般含有有机物、合成洗涤剂和氯化物，以及病毒、病菌和寄生虫等，其组成取决于居民的生活状况，而成分的变化情况则与居民的生活习惯有关，一般水质和水量的变化具有明显的昼夜周期性和季节周期性。

生活污水是浑浊、深色并具有臭味的液体，微显碱性，一般不含毒物，所含的固体物质约占总重量的0.1%～0.2%。生活污水所含有的有机物杂质大致在60%左右，而在其全部悬浮物中，有机成分几乎占重量的四分之三以上。这些有机杂质主要包括纤维素、油脂、肥皂和蛋白质极其分解产物，生活污水中的无机杂质以泥沙矿屑及溶解盐类居多，一般BOD和COD分别在100mg/L和200mg/L左右。

第二节　废水处理的方式与设施

285. 什么是废水的稀释处理?

稀释处理虽然不是把污染物从废水中分离出来，也不改变污染物的化学本性，但它通过混合稀释，可降低污染物的浓度，达到减少毒害的作用。所以，稀释处理一般是利用高浓度废水与低浓度废水（或天然水体）的混合稀释作用，使废水中污染物的浓度降低到某一无害的允许范围之内，以满足排放标准的要求，但这种处理方法一般不提倡。

286. 废水转化处理是如何进行的?

转化处理是通过化学或生物化学作用，改变污染物的化学本性，使其转化为无害的物质或能从水中分离的物质。为此，它分为化学转化处理和生物转化处理这两种类型。

化学转化处理又分为 pH 值调节法、氧化还原法和化学沉淀法等。

（1）pH 值调节法。如向废水中投加酸性或碱性物质，使 pH 值调节至排放要求（pH＝6.0～9.0），称为中和处理。如向废水中投加碱提高 pH 值或投加酸降低 pH 值，分别称为碱化处理或酸化处理。

（2）氧化还原法。它是向废水中投加氧化剂或还原剂，使之与污染物发生氧化还原反应，变为无害的或低毒的新物质。

如向废水中投加还原剂硫酸亚铁等，使废水中有剧毒的六价铬还原为毒性极微的三价铬，由于生成的还原产物[$Cr_2(SO_4)_3$]溶解度比较大，所以要从水中分离出来，还必须进一步进行碱化处理，使之生成氢氧化铬沉淀。这其中第一步称为还原法，第二步称为化学沉淀法。

（3）化学沉淀法。它是向废水中投加沉淀剂，使之与废水中某些溶解态的污染物生成难溶的沉淀物，进而从水中分离出来。生物转化处理又为好氧生物转化处理和厌氧生物转化处理两种。

1）好氧生物转化处理。它是在有溶解氧的条件下，利用好氧微生物和兼性微生物的生物化学反应，将其废水中的有机污染物转化或降解为简单的无害的无机物。

2）厌氧生物转化处理。它是在无溶解氧的条件下，利用厌氧微生物和兼性微生物化学反应，转化或降解有机污染物。

除上述两种转化处理外，还有是向废水中投加强氧化剂、重金属离子等药剂或利用高温、紫外光、超声波等能源抑制和杀死致病微生物，这称为消毒转化处理。

287. 废水中的污染物是如何进行分离处理的?

废水中的污染物按其颗粒大小不同，可分为四种存在形态：即悬浮物、胶体、分子和离子。颗粒大小不同，造成周围各种外力对其产生的效果不同，所以，分离方法也不同。

（1）悬浮物分离法。这类污染物由于颗粒较大，重力和离心力十分明显，因此可依靠阻力截留、重力分离、离心分离、粒状介质截留等进行分离。阻力截留上依靠筛网与悬浮物之间的几何尺寸差异截留悬浮物的一种方法；重力分离是依靠悬浮物与水的密度差，让其悬浮物下沉或上浮而进行分离的一种方法；离心分离法是依靠作用于悬浮物上面的离心力，使其从废水中分离的一种方法；粒状介质是依靠粒状滤料截留悬浮物的一种方法，由于滤料之间的间隙很小以及滤料表面的吸附作用，所以这种分离方法不仅能除去悬浮物而且还可除去一部分颗粒较小的胶体污染物。

（2）胶体分离法。这类污染物由于颗粒较小，重力和离心力都不明显，而且颗粒之间往往存在一种斥力，所以，完全依靠重力、浮力或离心力还是难以从水中分离出来的。但它可以用化学絮凝法、生物絮凝法进行分离。化学絮凝法是通过向废水中投加混凝剂、高分子絮凝剂等化学药剂，使胶体污染物絮凝成大而重的絮凝体，然后再进行分离；生物絮凝是利用生物活性物质（如生物膜和活性污泥）的生物转化作用，将有机胶体污染物絮凝而进行分离的一种方法。

（3）分子分离法。这类污染物颗粒更小，是溶解性的，它既不能用重力法分离，也不能用絮凝法分离，但它可用吹脱法、汽提法、萃取法和吸附法等进行分离。吹脱法是使废水与空气充分接触，使溶解性的气态或挥发性污染物，由水相转移到气相而进行分离的一种方法；汽提法是使废水与水蒸气充分接触，直到沸

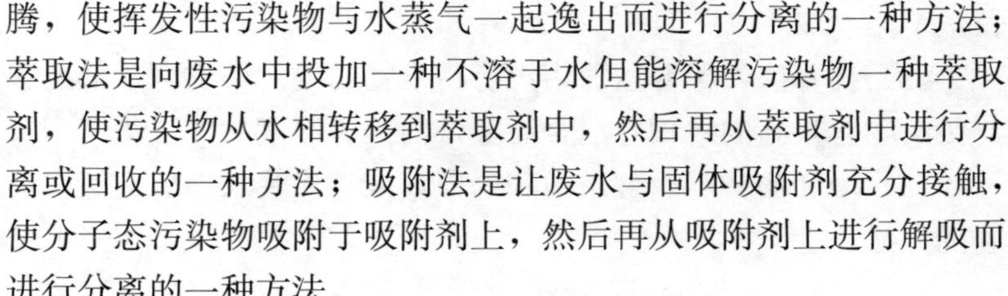

腾，使挥发性污染物与水蒸气一起逸出而进行分离的一种方法；萃取法是向废水中投加一种不溶于水但能溶解污染物一种萃取剂，使污染物从水相转移到萃取剂中，然后再从萃取剂中进行分离或回收的一种方法；吸附法是让废水与固体吸附剂充分接触，使分子态污染物吸附于吸附剂上，然后再从吸附剂上进行解吸而进行分离的一种方法。

（4）离子分离法。这类污染物的颗粒最小，也是溶解性的，而且起作用的主要是化学键力，而重力和离心力都不起作用。因此，它的分离方法与上述各种污染物都不相同。分离这类污染的方法有离子交换法，离子吸附法和电渗析法。离子交换法是使废水与固态离子交换剂相接触，废水中的离子态污染物便与离子交换剂上的同电荷离子相互交换，从而使废水中有害离子污染物分离出来，交换剂失效后可以通过再生操作，使离子态污染物随再生液排出或浓缩回收利用，交换剂本身又可重复利用；离子吸附法是使废水与具有离子吸附性能的固体吸附剂相接触，废水中的离子态污染物便与吸附剂上电性相反的活性基因相吸引，从而使废水中有害离子污染物分离出来，吸附剂也可以再生重复利用；电渗析法是在直流电场的作用下，利用阴阳离子交换膜对水中阴阳离子污染物的选择透过性，即离子交换膜只允许阳离子通过，阴离子交换膜只允许离子通过，所以只要让废水通过由阴阳离子交换膜排列组成的通道，就可将离子态污染物分离出来。因为这种处理方法与反渗透法一样，都是借助一个膜，所以也叫膜分离法。

288. 废水的一级处理有哪些具体方法?

（1）重力分离方法：依靠重力的作用，使污染物分离，又分为沉降分离和浮上分离。沉降法用于除去水中密度比水大的污染物，上浮法用于除去水中密度比水小的漂浮物。

（2）阻力截留法：这种方法利用筛网等与悬浮固体之间几何尺寸的差异截留固体悬浮物。包括有格栅、筛网和粒状介质截留法。

(3) 稀释法：稀释法即用没有污染物的或污染物含量低的水与污染物含量高的水相互混合而降低污染物浓度的方法。

(4) 中和法：利用酸碱中和的原理来消除废水中酸或碱污染物的方法。

289. 废水的二级处理有哪些具体方法?

(1) 气浮法：气浮法是利用废水中的污染物的疏水性，或是添加某种药剂使废水中的污染物变得疏水，然后向废水中通入气泡，疏水的污染物就会吸附到气泡上，而随气泡浮到水面上而形成泡沫层，把泡沫层与水分离即可把污染物与水分离。

(2) 混凝法：混凝法是向废水中投加电解质或混凝剂或通过机械搅拌，使废水中呈胶体状态存在的污染物互相凝聚，形成大而重的絮凝体，再用重力沉降的方法分离。

(3) 萃取法：利用分配定律的原理，用一种与水不互溶，而对废水中某些污染物溶解度大的有机溶剂，从废水中分离除去污染物的方法。

(4) 氧化还原法：向废水中投加氧化剂或还原剂，将有害的污染物氧化或还原为无害或害处较小的物质的过程。

(5) 电解法：电解处理法是指用电解的基本原理，使废水中的污染物通过电解过程在阴、阳极上分别发生氧化或还原反应转化为无害物质，以实现废水净化的方法。

(6) 生物法：利用水中的微生物来氧化分解污染物的过程。又可分为好氧生物法和厌氧生物法。好氧生物法是在水中有溶解氧存在的条件下，利用好氧微生物和兼性微生物分解污染物的方法。厌氧生物法是在无溶解氧的条件下，利用厌氧微生物和兼性微生物分解废水中污染物的方法。生物法是目前应用较广的二级废水处理方法，特别是对于城市废水，几乎都是用生物法处理。

(7) 空气扩散法：这种方法用来除去废水中的气态或挥发性污染物。使空气与废水充分接触，使溶解在废水中的气体或挥发性污染物扩散到空气中而除去。

（8）蒸汽法：这种方法也用于除去废水中的挥发性污染物。是利用蒸汽直接加热废水至沸腾，挥发性污染物随水蒸气一起逸出而除去的方法。污染物浓度高时，可把蒸汽冷凝后回收污染物。

290. 废水的三级处理有哪些具体方法？

（1）吸附法：让废水与固体吸附剂接触，使分子或离子状态的污染物吸附于吸附剂上，然后分离水与吸附剂即可把污染物与水分离。一般吸附剂再生后可以循环使用。

（2）膜分离法：按作用原理的不同，膜分离法又可分为超过滤、电渗析和反渗透三种方法。

超过滤也称为精密过滤，它也是利用过滤介质除去废水中污染物的方法，与一般过滤不同的是超过滤所用的介质孔径很小，一般为0.1～1μm。这种方法可以除去水中的胶体物质或大分子的污染物。电渗析是使废水通过由阴离子交换膜和阳离子交换膜交替排列组成的通道，在直流电场的作用下，离子能有选择性地透过不同的膜，某些通道中污染物被浓缩，另一些通道中的废水则得到净化。反渗透法是用半透膜把废水与清水分开，在废水表面施加压力，使水分子透过半透膜，而污染物不能透过，从而分离或浓缩污染物的方法。

（3）磁过滤法：依靠磁场的作用，用高强度磁过滤器截留磁性的污染物，或投加磁种，使非磁性的污染物吸附于磁种上，然后再分离的方法。

（4）离子交换法：废水与固体离子交换剂接触，离子态污染物能与离子交换剂上的同号离子互相交换，使废水中有害离子分离出来的方法。

291. 电厂的废水是如何进行收集的？

在电厂中，由于废水的种类比较多，因为各排水点的分布比较复杂，不可能将每种废水单独收集，加上电厂的废水一般是无压水，其收集主要通过沟道完成。废水收集沟道的泄漏是普遍存在的问题。

在南方地区，因为地下水位高，地基软，沟道容易因不均匀沉降而发生开裂，导致废水外溢或内渗。外溢对地下水的水质有污染，而且废水在收集过程中损耗过大，不利于水量的平衡；内渗水则会影响废水的水质。如果地下水含盐量比废水的高，则有可能影响废水的回用。

在用海水冷却凝汽器的电厂，海水会因隔离不完善而混入废水收集系统。因海水的含盐量极高，往往少量的泄漏也会使废水的水质劣化，使收集的废水失去使用价值。常见的泄漏发生在主厂房废水收集系统。

对于除盐废水，可以用管道接至冲灰利用场所。而其他废水可以用价值工程法进行识别，决定是否送至可回收利用场所。

292. 对化学酸碱废水如何进行处理？

如前所述，化学水处理酸、碱废水是阳树脂和阴树脂再生工艺的必然产物。由于这种酸性废水的含酸量一般不大于3%～5%，确良碱性废水的含碱量一般不大于1%～3%，所以，回收的价值不大，大多是采用自行中和法进行处理。

虽然这两种废水都是在化学水处理车间内产生的，但两者往往不是同时产生的。因此，要想利用自行中和就必须设置中和池，即先将酸性废水（或碱性废水）排入池内，然后再将碱性废水（或酸性废水）排入，搅拌中和，使pH值达到6～9以后排放。为了达到有效中和，必须设置合理的中和设备。

中和池（或pH调整池）的水容积应不小于1台最大的阳离子交换设备和1台最大的阴离子交换设备一次再生全过程所排放的酸、碱性废水的总和。在水处理设备台数较多的情况下，中和池的水容积应不小于2台阳、阴离子交换设备再生所排出废水的总和。这样就能使阳、阴离子交换设备不同时再生，而且在同一时刻内有两台阳或两台阴离子交换相继再生时，仍能保证酸性废水和碱性废水的充分混合。

目前设计的中和池大都是水泥构筑物内补防腐层。由于化学除盐工艺上的特点，一般酸性废水的总酸量总是大于碱性废水的总碱量。为了中和这部分剩余的酸量，有的厂向中和池内投加碱性药剂（如 CaO 等），有的厂将中和后的酸性废水排入冲灰系统。

化学水处理酸、碱废水除采用自行中和外，还可采用弱酸型阳树脂处理。这种处理方式是将化学水处理车间产生的酸性废水和碱性废水交替通过弱酸性阳离子交换树脂，处理后可使两种废水的 pH 值控制在 6～9 之间，而且合格率可达到 80%以上。

293. 冲灰水如何进行处理？

国内目前大部分燃煤电厂对粉煤灰仍采用湿法处置。湿法处置由于灰中一些化学成分的溶解，导致一些灰场（池）排水悬浮物含量、pH 值超过国家排放标准，也有个别电厂灰场排水中氟、砷、重金属含量超标。当前，越来越多的电厂采用干法处置，这有利于粉煤灰的综合利用；另一方面也可防止外排灰水的污染，包括回收重复使用灰水可能产生的腐蚀结垢问题。

（1）冲灰水悬浮物超标处理。在设计上要考虑有足够的灰水停留时间，灰池具有一定的容积，使灰粒能够充分沉淀；其次要改进顺粒沉降措施，改进措施主要有：增加挡板，减少入口流量；在出口处安装出水堰、拦污栅等，防止灰粒流出；用出水槽代替出水管，从而减小出水量；添加凝聚剂，加速颗粒的沉降，都能提高出水质量。

（2）冲灰水 pH 值超标处理。在解决灰水 pH 值超标问题时，主要采用加酸处理、直流冷却排水稀释中和的措施进行处理。

（3）冲灰水中氟的处理。冲灰水中氟的处理一般采用钙盐沉淀法和粉煤灰法等。钙盐沉淀法处理时需要加入氯化钙，处理后的 pH 值偏高，还需加酸调节 pH 值。而粉煤灰处理含氟废水，具有工艺简单，处理效果好、“以废治废”环境效益和处理成本较低，而且氟的去除率可达到90%以上。

294. 生活污水有哪些处理办法？

生活污水的处理一般采用生物处理法。在自然界中，存在着大量依靠有机生物生活的微生物，它们能够分解、氧化有机物，并将其转化为稳定的化合物。利用微生物分解，氧化有机物的这一功能，并采用一定的人工措施，创造有利于微生物生长、繁殖的环境，使微生物大量增殖以提高其分解、氧化有机物的效率的一种废水处理方法叫做生物处理法。

生活污水按处理深度分，可分为一级处理、二级处理和深度处理三种。生物处理法是二级处理的主要方法，它一般根据在处理过程中起主要作用的微生物对氧气要求的不同，而分为好氧生物处理和厌氧生物处理两大类。

295. 如何实现生活污水的好氧生物处理？

所谓好氧生物处理，就是在有氧的情况下，借好氧细菌的作用来进行的。包括稀释法、污水灌溉法、活性污泥法、生物过滤法等。

在水的好氧生物处理过程中，水中的溶解性有机物通过细菌的细胞壁而为细菌所吸收，固体和胶体的有机物先附着在细菌体外，由细菌所分泌的外酶分解成溶解性物质，再渗入细菌细胞。细菌通过自身生活——氧化、还原、合成等过程，在内酶的作用下，把一部分被吸收的有机物氧化成简单的无机物，把另一部分有机物转化为生物所必需的营养质，供细菌的生长、繁殖所用。

296. 如何实现生活污水的厌氧生物处理？

所谓厌氧生物处理，就是在无氧的情况下，借厌氧细菌的作用来进行的。主要用作污泥消化和处理高浓度的有机物。当有机物进行厌氧分解时，主要经历两个阶段：酸性发酵阶段和碱性发酵阶段。

厌氧生物处理有机物会产生硫化氢等具有异臭的挥发性物质，同时由于产生硫化铁等黑色物质使得废水呈黑色，并且要使有机物完全稳定化，需要很长的处理时间，所需设备容量也较大。

第三节　废水综合利用

297. 除盐废水的处理回用方式有哪些?

除盐废水因含盐量不高，比较容易进行回用。在电厂最典型的是主厂房排水。这类水通常是通过混凝澄清、过滤等工艺除去水中的悬浮物、油类和有机物等杂质后，补入电厂的循环冷却水系统。

如果废水中不含生活污水，一般直接采用混凝沉淀或气浮、过滤处理后，水质即可达到工业水系统的水质要求。

298. 深度废水的处理回用方式有哪些?

在大量的深度废水中，循环水系统的排污水量很大，对全厂的水平衡影响也最大，循环水的浓缩倍率的大小直接影响着发电水耗的高低。在干除灰电厂中，循环水排污水占电厂废水总量的75％以上。从水量上讲，只有将这些废水进行回收利用才能实现全厂废水的高回用率。

对于水力冲灰的电厂，废水不经处理便直接用来冲灰和除渣。随着干除灰技术的发展，电厂的水平衡发生了重大的变化，高含盐废水可直接使用的场合很少。除了煤场喷淋、干灰调湿、水力除渣等能消耗掉少量的水之外，剩余的深度废水必须经过脱盐处理后才具有使用价值。除了含盐量高外，这些废水大部分经过浓缩，水中致垢的无机离子（如 Ca^{+}、HCO^{+} 等）已经达到过饱和，具有强烈的结垢倾向，容易在用水系统中结垢。在回收利用时，除了考虑过滤有污染的悬浮物、有机物、胶体等杂质外，还要降低碳酸钙、硅酸盐等难溶盐的过饱和度，以避免在水处理系统中析出沉淀物。

对于循环水排污水，已有的回用方式是通过专门的污水处理站，利用反渗透脱盐技术处理后，将淡水补充到锅炉补给水处理车间做原水，排出的浓盐水用于除渣、输煤系统。由于循环水的水质复杂，很容易对反渗透膜造成污染，因此这种回用方式的处理成本较高。

299. 如何对含煤废水进行回收利用?

含煤废水是电厂悬浮物含量最高的废水，主要来自电厂输煤皮带喷淋、输煤栈桥地面冲洗、煤场排水等。其含有的主要污染物为煤微粒、胶体、油。采用的处理工艺：含煤废水收集池→煤泥沉淀池（初沉淀）→澄清器→石英砂过滤→煤系统补充水池。含煤废水中的煤粉微粒很难直接沉降，混凝处理后形成的絮体强度较差，在澄清设备中絮体容易被破碎而上浮，所以需要的澄清分离面积较大。可以采用微滤工艺技术处理含煤废水。微滤技术的优点是出水水质好，悬浮物含量可以小于1mg/L，系统也比沉淀、过滤工艺简单；缺点是滤元的更换费用较高。

300. 如何对冲灰、除渣废水进行回收利用?

近年来新建的电厂大多采用干除灰系统，很多老电厂也进行了干灰综合利用改造；在干灰旺销季节基本上不再使用水力除灰，因此近年来对冲灰水的关注明显减少。但是，当干灰销售不畅时，由于没有干灰储存场地，这些电厂仍还要采用水力除灰。

冲灰水的水质特点是悬浮物、pH值、含盐量都比较高，经灰场返回的清水因为通过长时间沉淀，悬浮物很低，其用途与含煤废水相似，也只能回用于原系统。冲灰水的回用需要解决回水管道的结垢问题。